MAKE-UP BEAUTY PATTERN BOOK

메이크업 뷰티 패턴 북

김정희 · 조정현

경춘사

책을 내면서

Preface

일러스트(Illustration)란, 시각적인 내용을 암시하기 위한 사진이나 도안 등의 총칭으로, 일반적인 개념에서는 회화적인 표현으로 시각디자인의 내용을 전달하는 것이며, 현대적 개념으로는 보조적 기능을 떠나 하나의 독립된 작품으로서 평가됨을 의미한다.

일러스트는 사진이나 도안보다 주로 삽화를 가리키는 의미로, 고대 이집트시대부터 일러스트레이션의 역사는 시작되었다.

현대적 개념의 일러스트레이션은 인쇄술의 발명과 함께 시작되었고, 그 이후에는 출판물을 통해 일러스트레이션이 인쇄되어 그에 대한 가치와 의미가 분명해졌으며, 인쇄술의 발전과 함께 다양한 기법과 양식을 통해 일러스트레이션의 전성기를 맞이하였다. 또한, 미술의 양식적 변화와 축을 함께해온 일러스트레이션은 그 시대의 미술사적 조류를 반영하며, 그에 대한 이해와 예술적 가치는 창작을 반영한 일러스트레이션에 있어서 중요한 부분 차지하고 있다.

오늘날에 이르러 일러스트레이션은 디자인과 광고 등에 널리 활용되어, 현대미술에 있어서 중요한 비중을 차지하고 있으며, 미용뷰티분야에 있어서 뷰티 일러스트레이션은 기본적으로 필요한 기초분야로 인지되고 있다.

이에, 메이크업 작품 실습에 앞서 메이크업 뷰티 패턴북을 이용한 기초 일러스트 도안은 아름답고 섬세한 작품성을 표현하는데 있어서 기본적인 도움이 될 것으로 사료된다.

아울러, 본 교재는 메이크업 뷰티 패턴북으로, 미용예술을 시작하는 사람들에게 필요할 것이며, 뷰티일러스트의 기본 개념과 황금비율에 준한 페이스 프로포션, 얼굴형태에 따른 윤곽수정메이크업, 명암과 선에 의한 연습, 뷰티일러스트 기초 실습과 얼굴정면, 측면, 상반신바디, 전신바디 패턴을 이용하여 메이크업 실습에 앞서 본 교재를 통해 기초 메이크업 실습 패턴과 감각을 익히는데 있어서 도움이 되고자 한다.

2013. 3 저자

CONTENTS

Chapter 1

뷰티일러스트란

페이스 프로포션(Face Proportion)

얼굴형에 따른 윤곽수정 메이크업

뷰티일러스트란?

시각예술의 이미지와 관련된 일러스트레이션(illustration)이라는 말은 일반적으로 드로잉(drawing), 다이어그램, 혹은 이미지를 총칭하는 말이다.

현대적 개념의 일러스트레이션은 인쇄술의 발명과 함께 시작되어, 그 이후에는 출판물에 일러스트레이션이 복제되어 그에 대한 가치와 의미가 높아졌다.

일러스트는 미술양식의 변화와 축을 함께하며, 미술사적 조류를 반영하여 변화를 암시하고 있다. 이에, 뷰티 일러스트레이션을 이해하고 예술적 가치가 있는 작품을 표현하는데 있어서 중요한 기초 도안은 메이크업 뷰티 작품을 표현하기 위해서도 기본 패턴북을 이용한 작품 도안을 준비해야 함이 필수인 것이다.

메이크업 뷰티 작품 표현에 앞서 주제에 대한 발상의 표현을 메이크업 뷰티 패턴북을 이용하여 스케치하고 채색하여 준비함을 기초로 한다.

페이스 프로포션(Face Proportion)

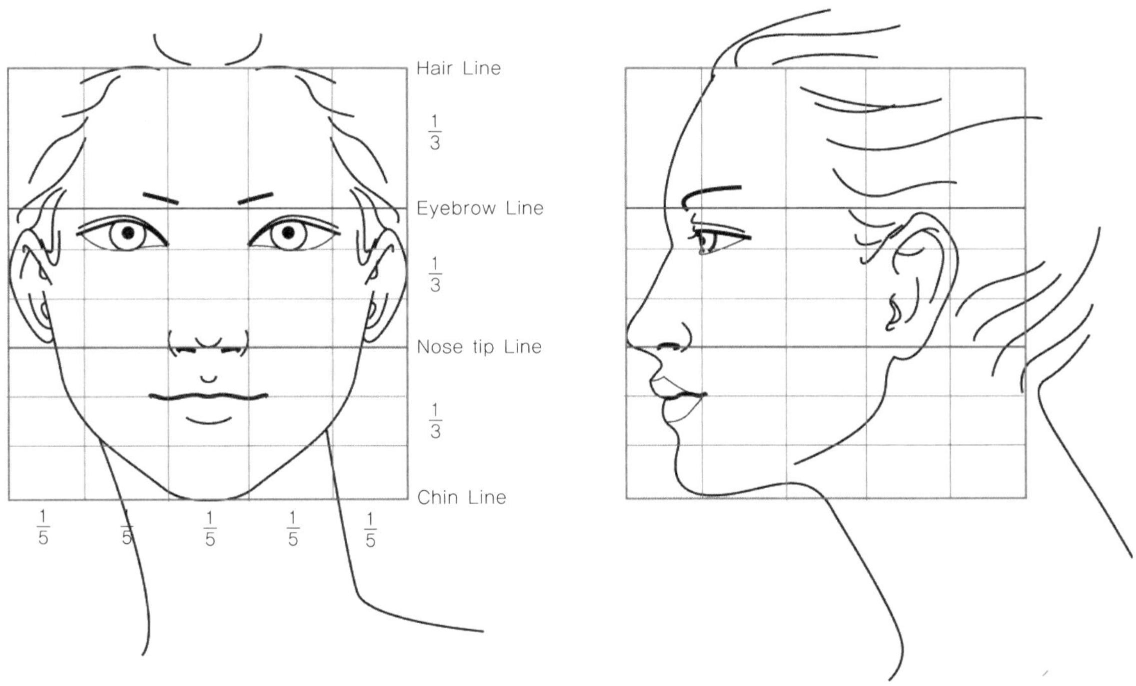

(1) 가로분할 (3등분)

헤어라인 ~ 눈썹라인 / 눈썹라인 ~ 콧망울 / 콧망울 ~ 턱선

(2) 세로분할 (5등분)

오른쪽 헤어라인 ~ 오른쪽 눈꼬리 / 오른쪽 눈꼬리 ~ 오른쪽 눈머리

오른쪽 눈머리 ~ 왼쪽 눈머리 / 왼쪽 눈머리 ~ 왼쪽 눈꼬리

왼쪽 눈꼬리 ~ 왼쪽 헤어라인

(3) 이상적인 얼굴형

얼굴의 길이 18.6cm / 목둘레 30cm / 미간의 넓이 3.3cm / 귀의 길이 5.7cm

입술의 길이 4.6cm / 콧망울의 위치 눈썹에서 1/3되는 지점

입술의 비율 윗입술 1cm : 아랫입술 1.5cm

입술의 위치 : 정면을 향했을 때 눈동자 안쪽에서 내려오는 선

눈의 머리 : 콧망울에서 일직선 / 눈썹 코리 : 콧망울에서 눈꼬리를 지나가는 45도

얼굴의 넓이 12.95cm / 이마의 넓이 12.65cm / 콧망울 길이 3.4cm / 눈의 길이 3.35cm

눈썹의 위치 : 이마에서 1/3되는 지점

두개골과 안면근육

두개골은 경추위 22개와 인후부의 설골을 합친 23개의 독립되어 있는 뇌두부분의 뼈와 안면부분의 뼈를 말한다.
하악골과 설골을 제외한 나머지 뼈들은 봉참의 형태로 관절하고 있으며, 성인은 완전히 골화되어 관절이 움직이지 않는다.
두개골의 형은 대체로 난원형이나 구형으로 사람에 따라 그 차이가 현저하고, 인종, 연령, 성별에 따라 다르고,두개는 대체적으로 여성이 남성에 비해 전체적으로 낮으며 작다. 두개는 외부의 충격으로부터 뇌를 보호하는 기능을 지닌다.
근육은 근육조직이 주가 되어 신경자극에 의해 이완과 수축의 성질을 지닌다. 두부의 근육은 얼굴에 복잡한 표정을 짓게 하는 표정근과 안면근과 저작근으로 구성되며, 안면근은 눈, 코, 귀, 입 주위를 중심으로 분포되어 있고, 얼굴 표정을 짓게 하여 표정근이라고 한다. 저작근에는 교근, 측두근, 외측 익돌근, 내측 익돌근은 안면근보다 강대한 근육으로 악관절에 작용하여 턱 운동에서 턱을 다물게 하거나 앞으로 내민다거나 뒤로 끌어당기기도 하고 좌우로 움직이게 하는 기능을 지닌다. 교근은 상, 하악골을 합쳐 턱을 다물게 하고, 측두근은 반대쪽으로 움직이게 하는데 위로 올리고 뒤로 끈다.
그리고 외측익돌근은 개구의 역할을 한다.

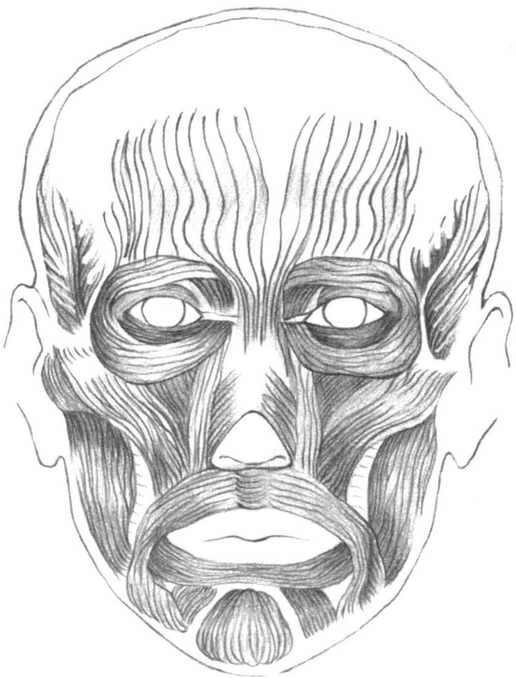

얼굴의 근육

얼굴형태에 따른 윤곽수정 메이크업

(1) 계란형(가장 이상적인 얼굴형)

메이크업 표현시 가장 이상적인 얼굴형태로 어떠한 화장스타일도 모두 소화가능함

(2) 둥근형(Round face) : 얼굴을 수평방향으로 3등분시 중앙부분이 넓은 얼굴형태

- 피부표현(Base) : 입주위, 턱끝, 이마~콧등까지 세로 느낌으로 하이 라이트 준다.
- 눈썹(Eye brow) : 상승형의 각진형태와 세로 분위기 연출
- 눈화장(Eye Shadow) : 얼굴의 길이감 위해 세로터치 표현
- 립(Lip) : 눈썹의 상승각도와 같이 약간 각진 입술형태 표현
- 볼(Cheek) : 귀 윗부분에서 구각보다 약간 위쪽을 향해 세로 터치

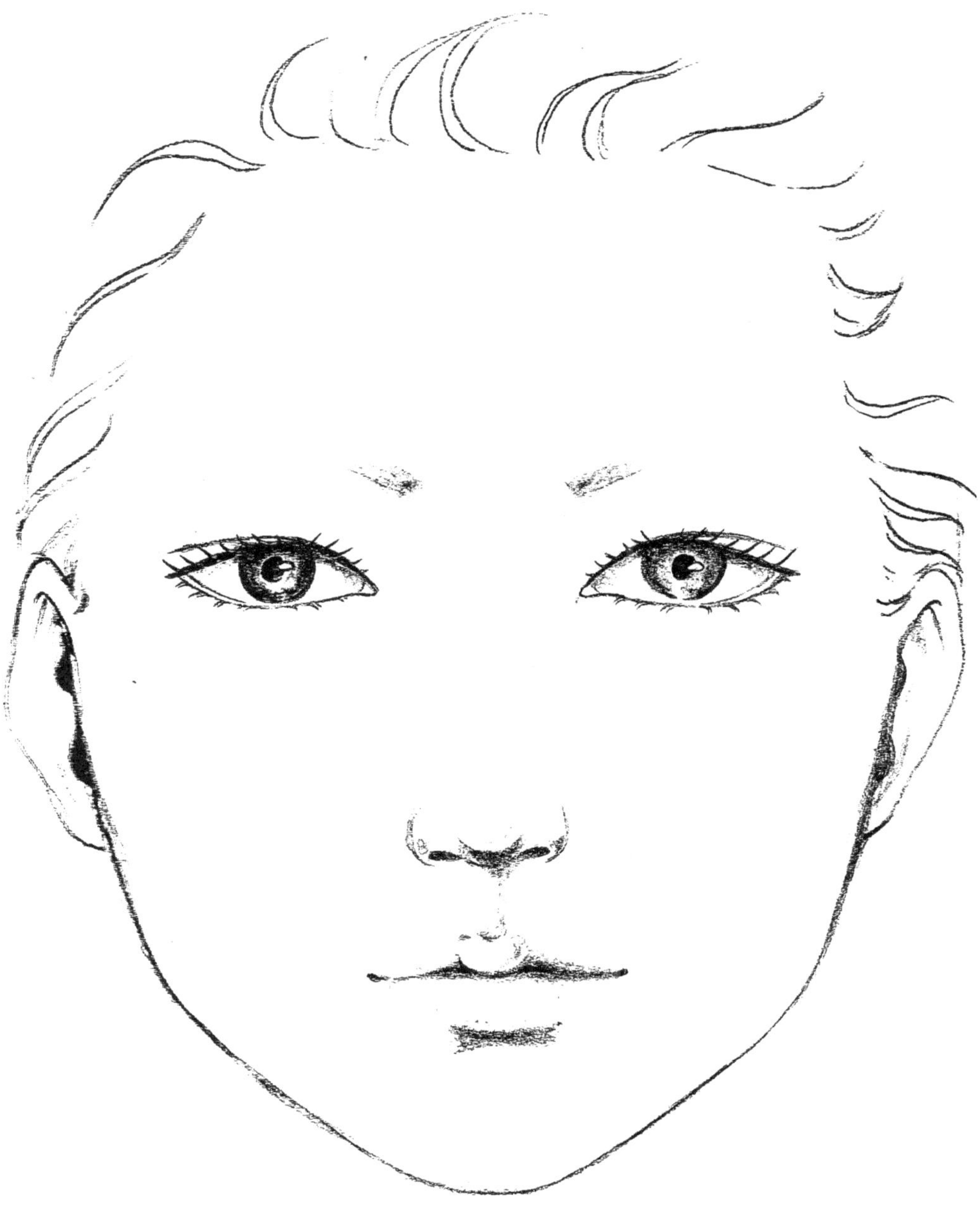

(3) 역삼각형(Univerted Triangular face) : 윗부분 이마가 넓고 아래턱이 좁으며, 뾰족한 턱선으로 된 얼굴형태

- 피부표현(Base) : 턱중앙 하이라이트를 주고 양쪽 아랫볼을 통통하게 보이도록 표현
- 눈썹(Eye brow) : 부드러운 아치형
- 눈화장(Eye Shadow) : 눈 앞머리 안쪽까지 색감주어 그라데이션
- 립(Lip) : 밝은색으로 길고 조금 두툼한 느낌으로 표현
- 볼(Cheek) : 귀부분에서 구각의 약간 위쪽을 향해 부드럽게 터치

(4) 사각형(Square face) : 얼굴을 수평으로 3등분시 넓이가 거의 같아 보이는 얼굴형태

- 피부표현(Base) : 콧등을 비롯하여 세로 길이를 강조한 하이라이트
- 눈썹(Eye brow) : 부드러운 곡선형
- 눈화장(Eye Shadow) : 관자놀이 방향으로 사선 또는 세로터치 그라데이션
- 립(Lip) : 눈썹의 상승각도와 같이 조금 올려주고, 곡선적인 부드러운 느낌 표현
- 볼(Cheek) : 약간 둥근 느낌으로 볼 넓이의 밸러스를 맞추어 표현

(5) 긴형(Oblong face) : 얼굴 3등분의 넓이는 거의 동일하며, 전체적으로는 길쭉한 얼굴형태

- 피부표현(Base) : 코의 길이가 느껴지지 않도록 콧날은 약간 짧게, 눈밑은 폭넓게 하이라이트 표현
- 눈썹(Eye brow) : 수평적인 일자형
- 눈화장(Eye Shadow) : 수평 그라데이션
- 립(Lip) : 입꼬리를 올려 도톰하게 표현
- 볼(Cheek) : 볼뼈 중심으로 콧망울과 구각을 향해 가로로 길게 터치

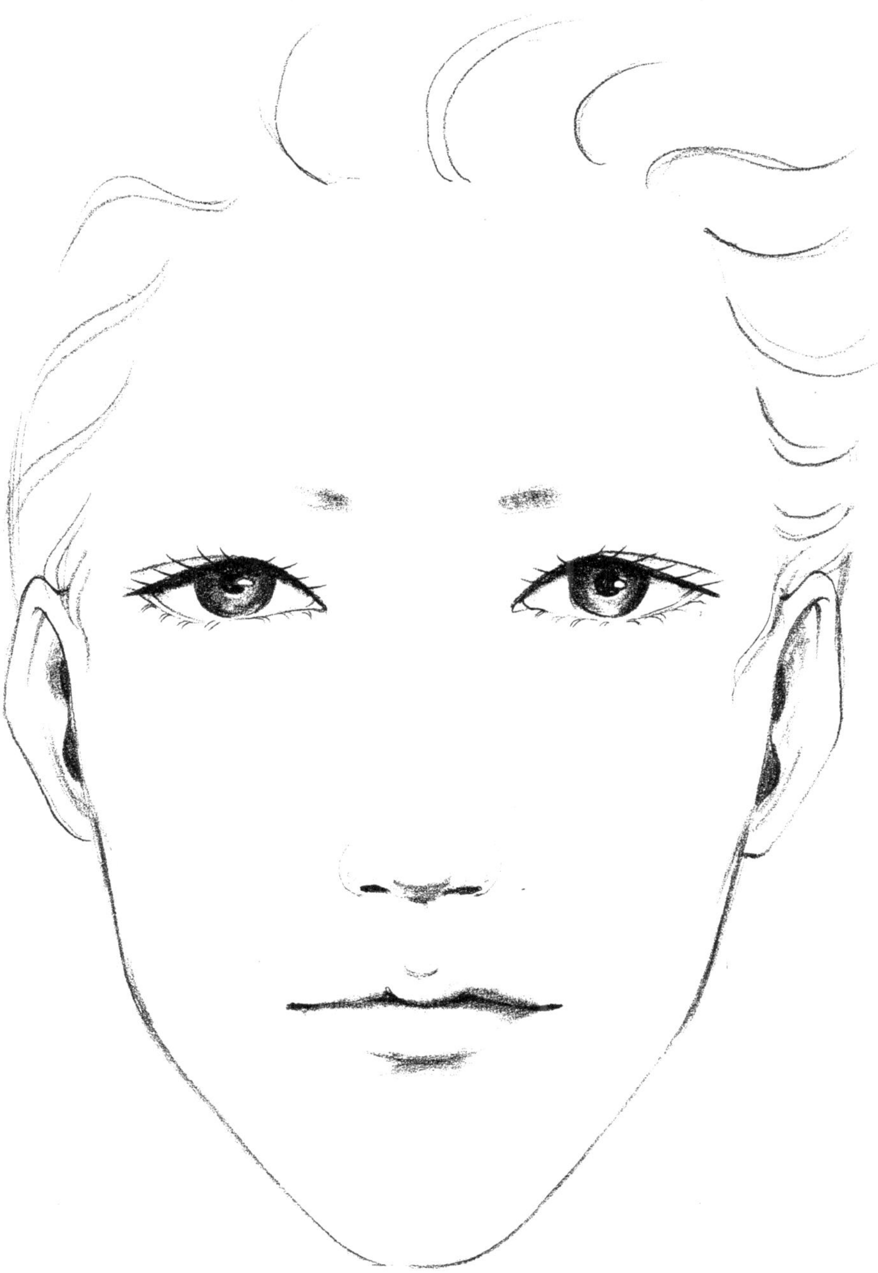

Chapter 2

명암과 선

선연습

명암연습

눈썹그리기

명암과 선

명도단계를 통한 그라데이션 연습 (5단계 명도단계 그리기)

(1) 명도 5단계 그림

5단계 명암을 기본적으로
인지하고 그려준다.

(2) 그라데이션(Gradeation)

색채나 명암의 농담법으로 검정색, 중간색, 흰색으로
내려가는 명도의 순서.

선연습

물결선

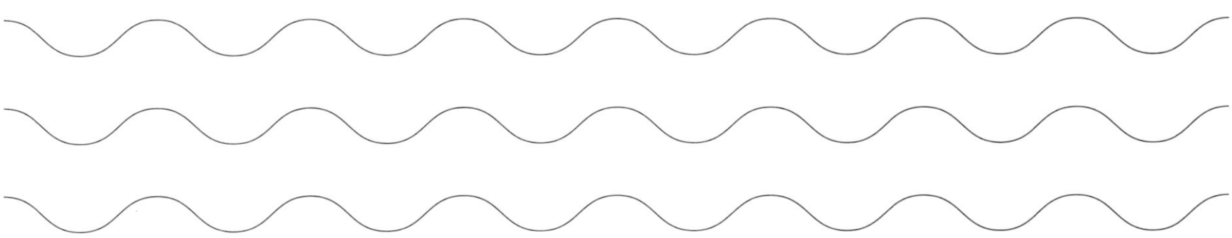

사선일자형

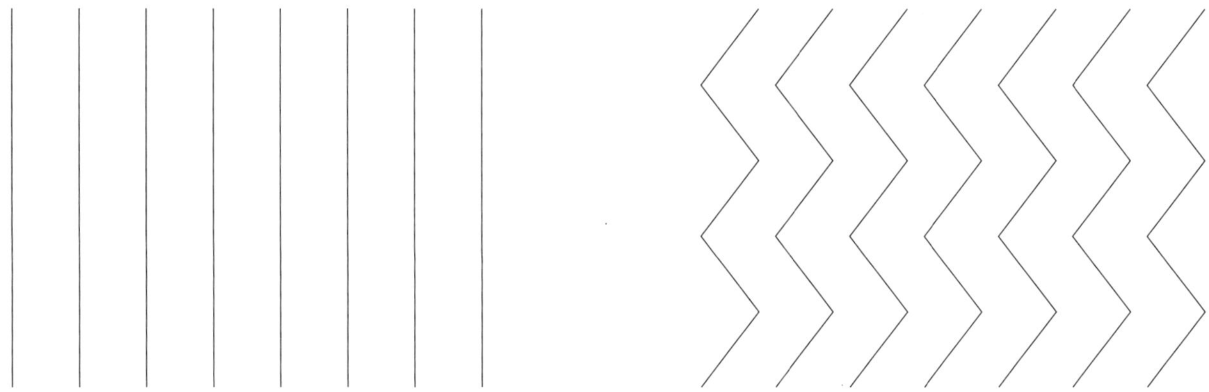

S자형

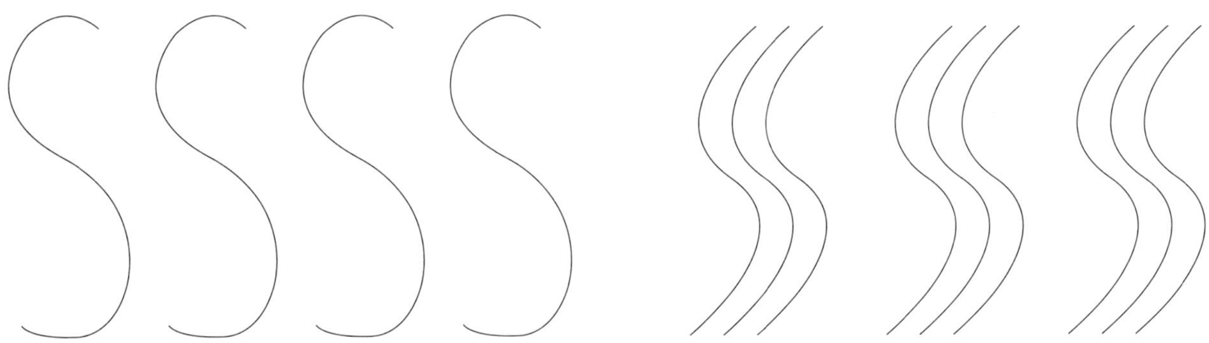

명암연습

원구 / 원기둥의 명암, 입체감, 양감 표현하기

눈썹 그리기 연습

(1) 표준형

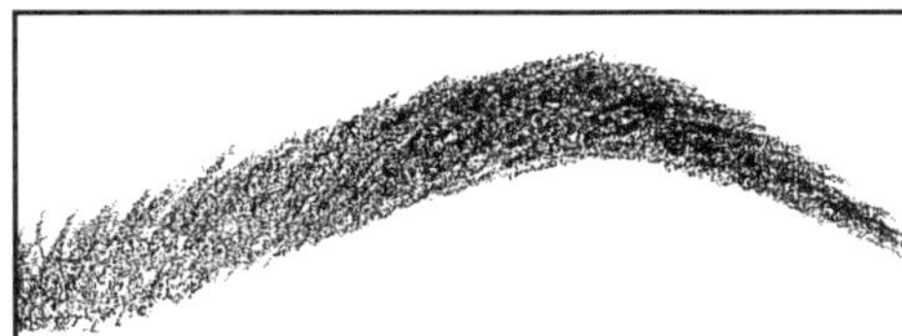

(2) 아치형

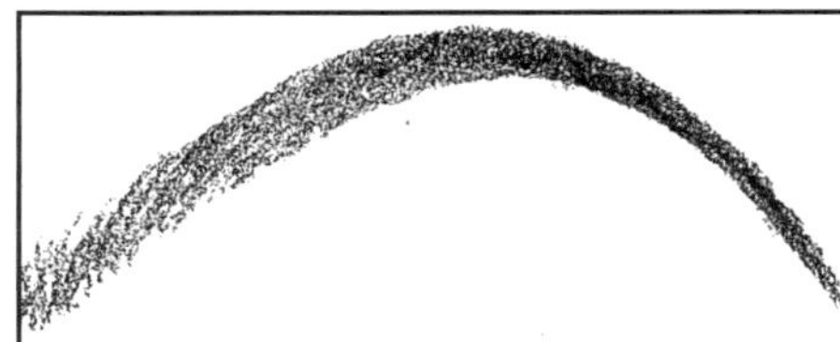

(3) 각진형

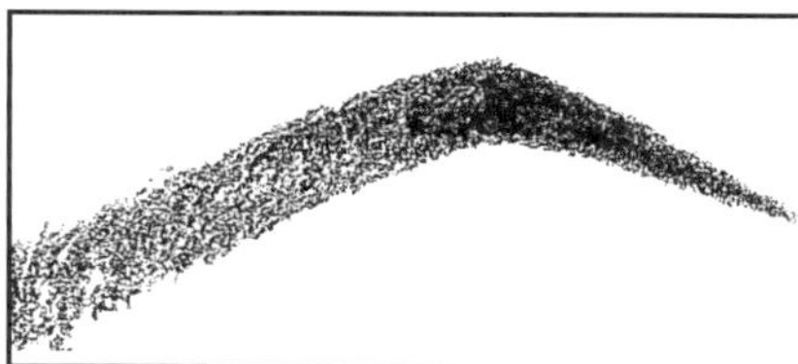

(4) 화살형

(5) 직선형

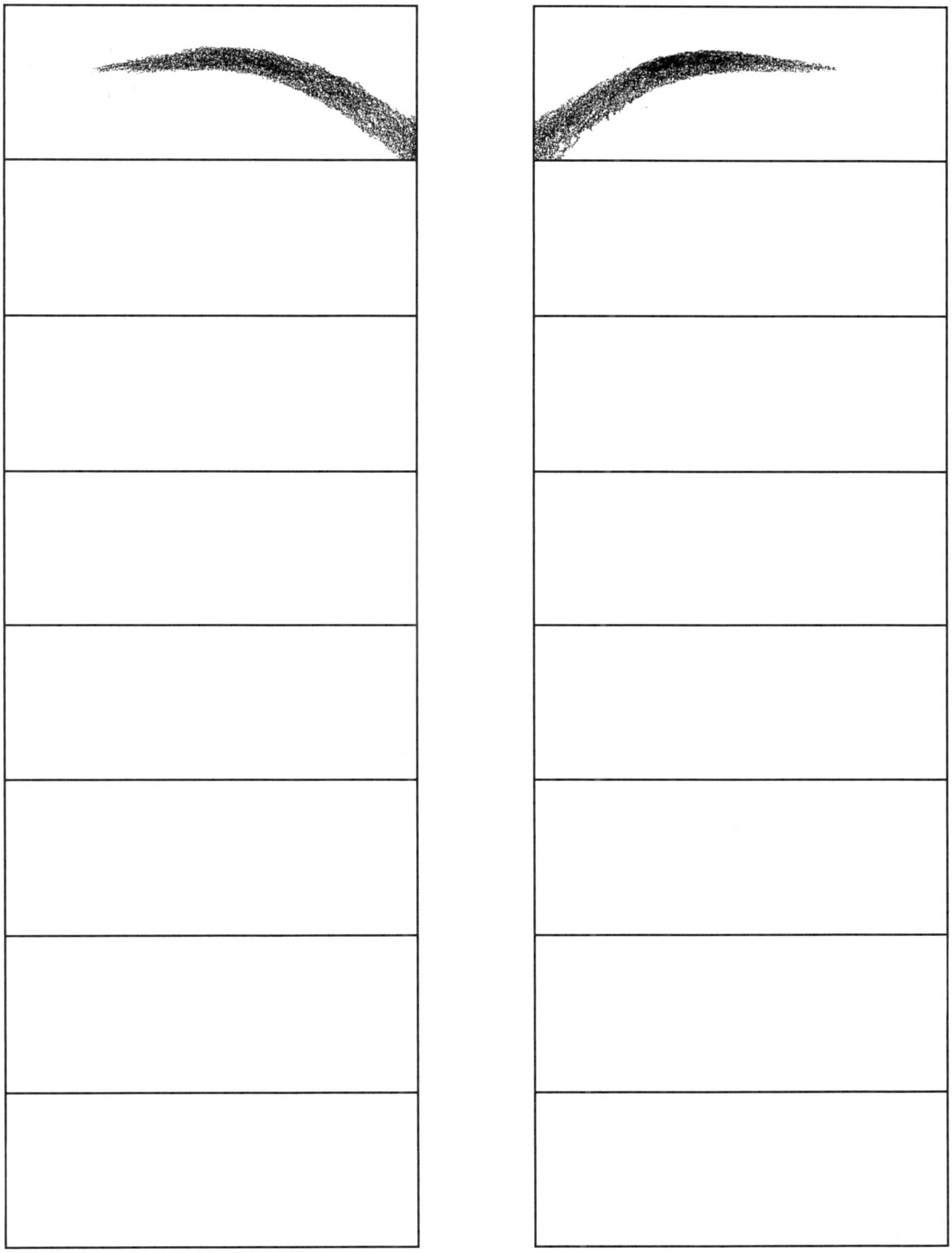

Chapter

3

얼굴 정면 패턴

얼굴 측면 패턴

상반신 바디(앞면) 패턴

전신바디(앞면) 패턴

전신바디(뒤면) 패턴

얼굴 정면

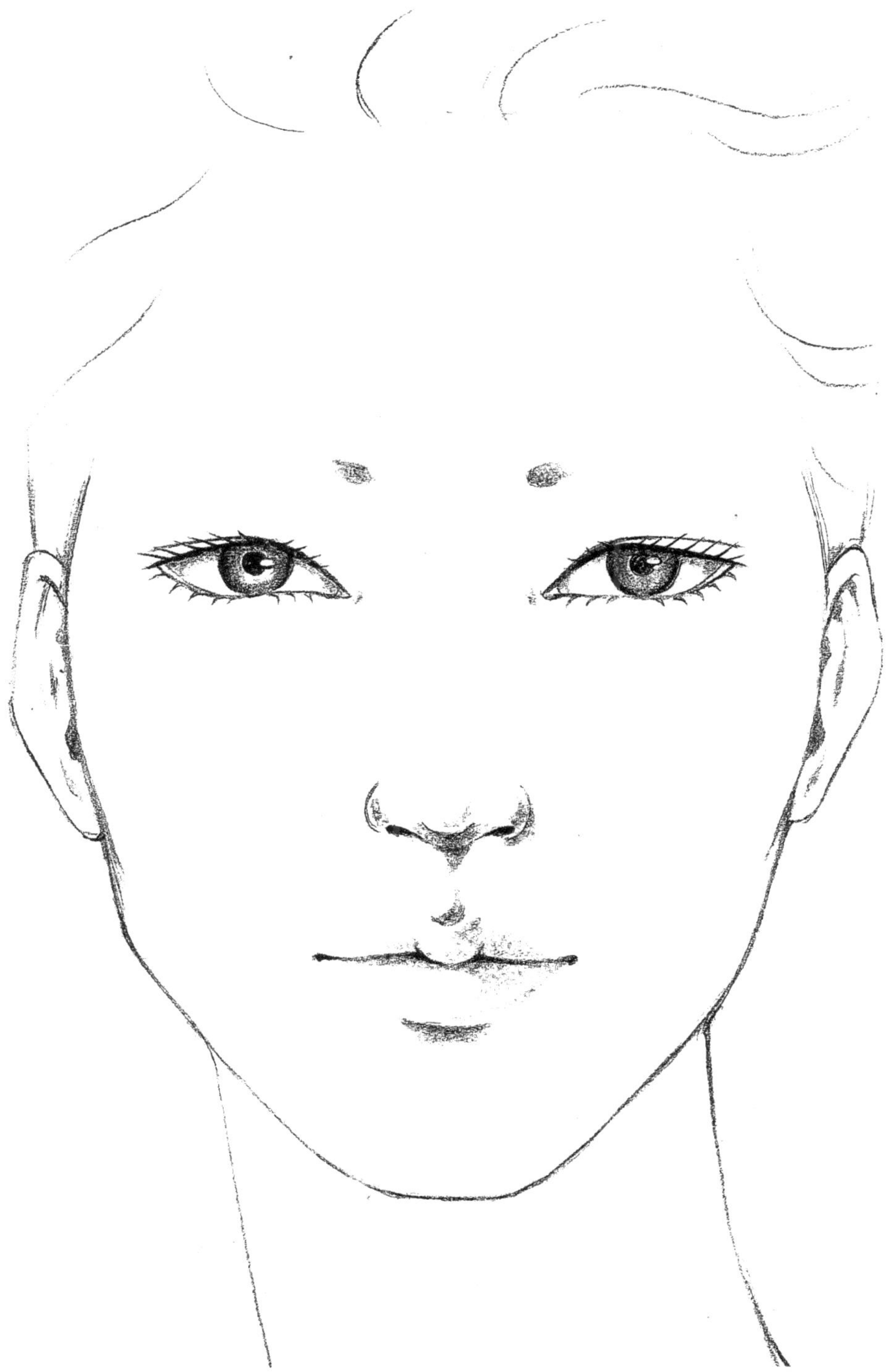

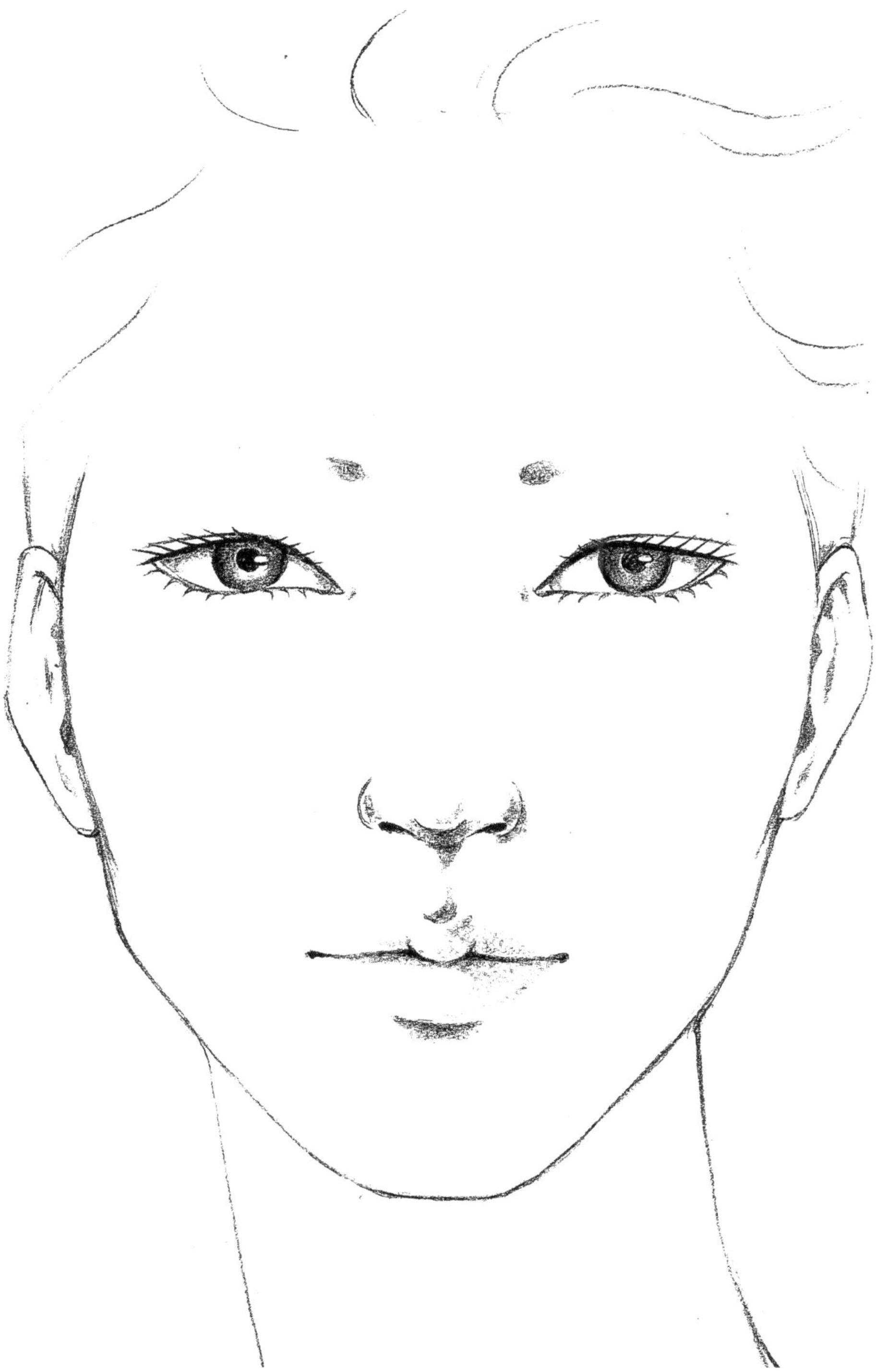

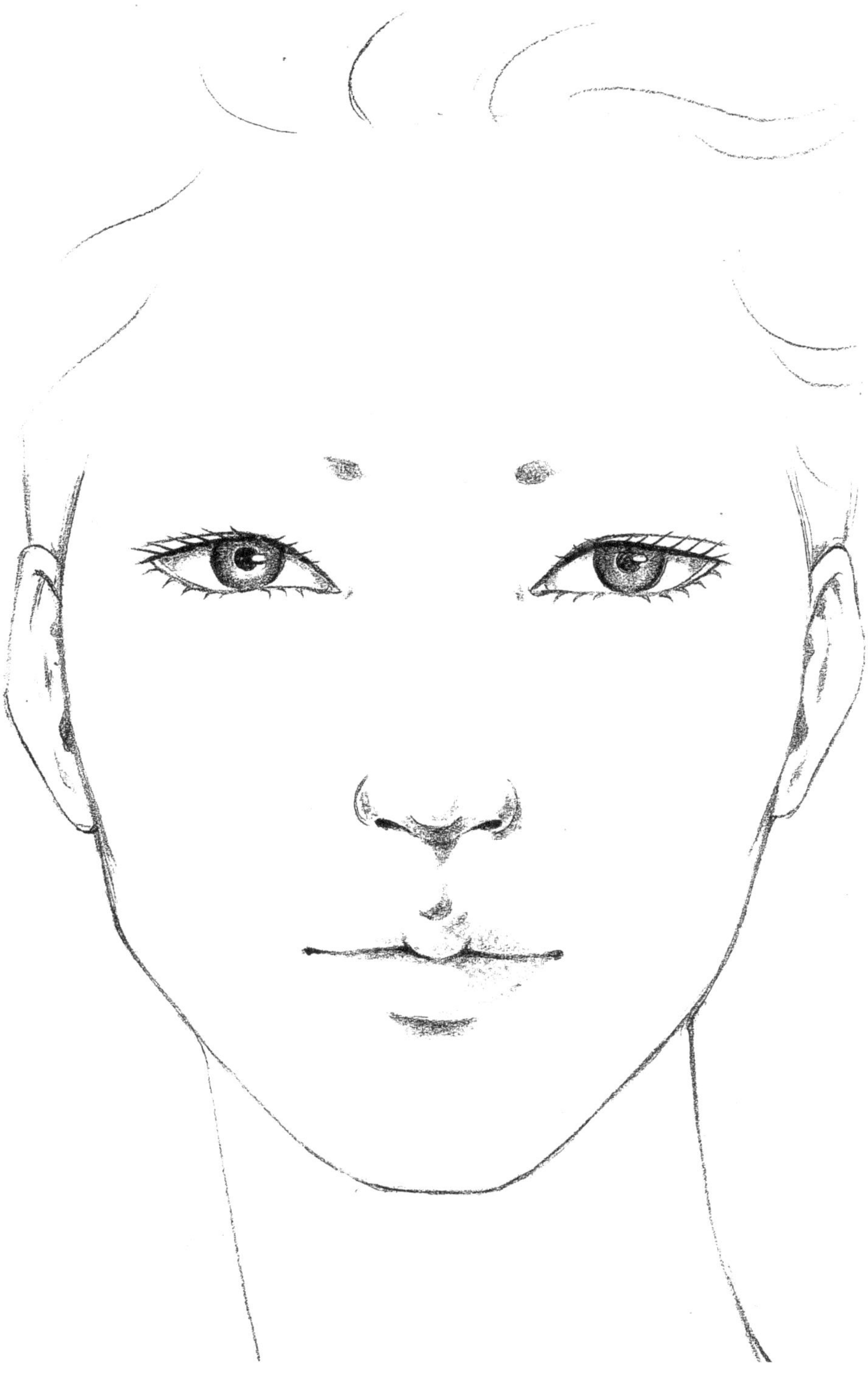

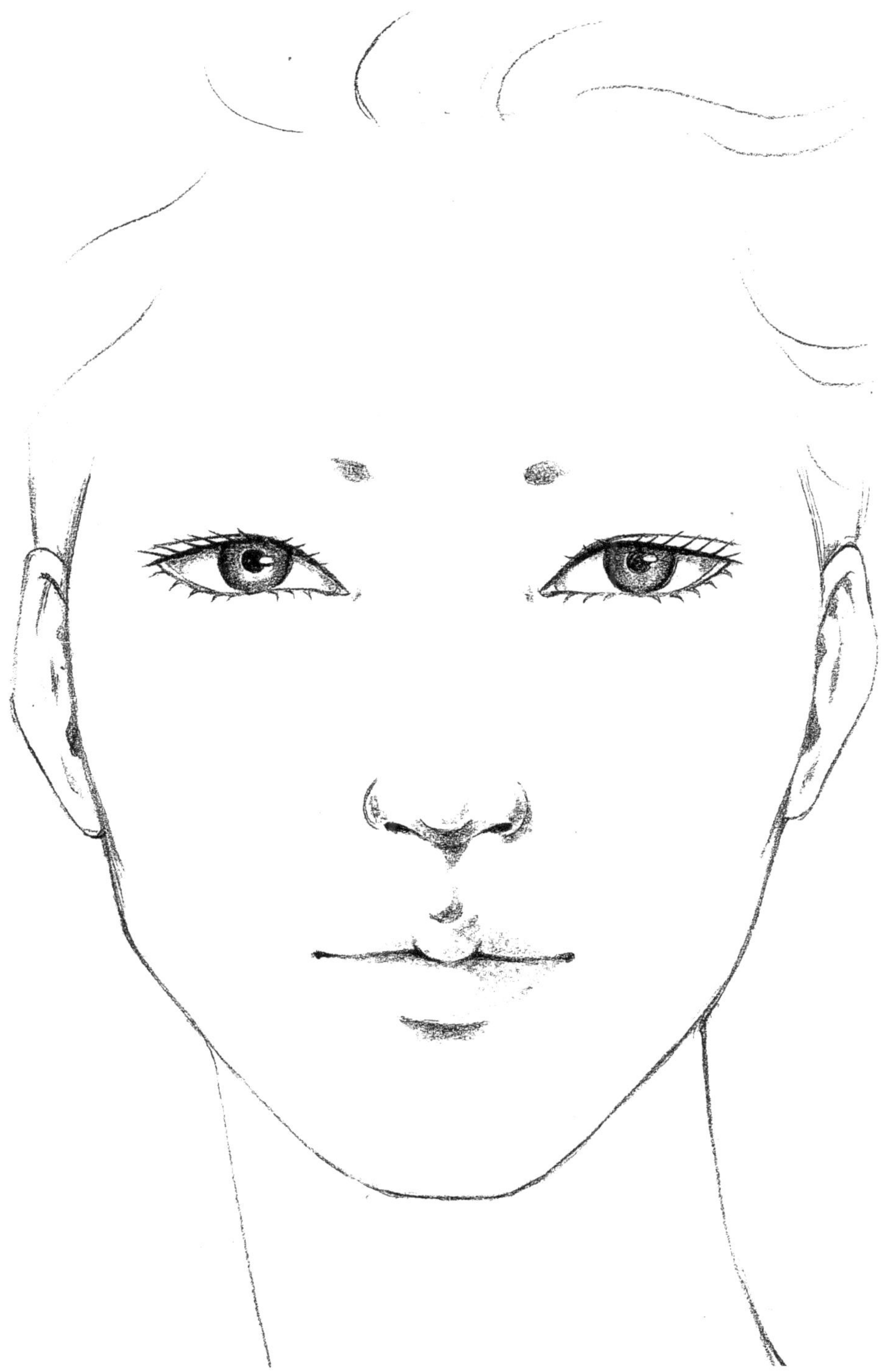

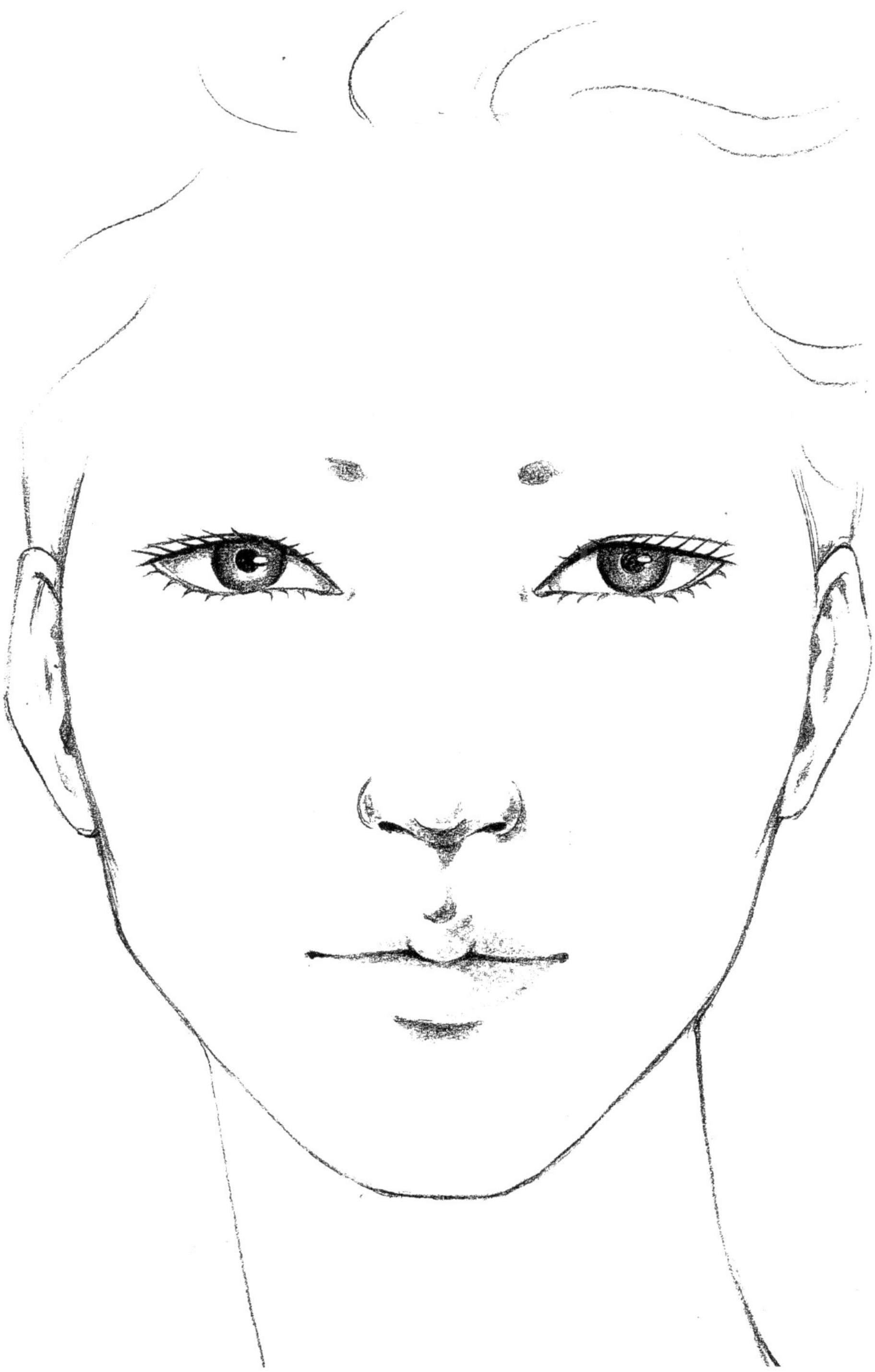

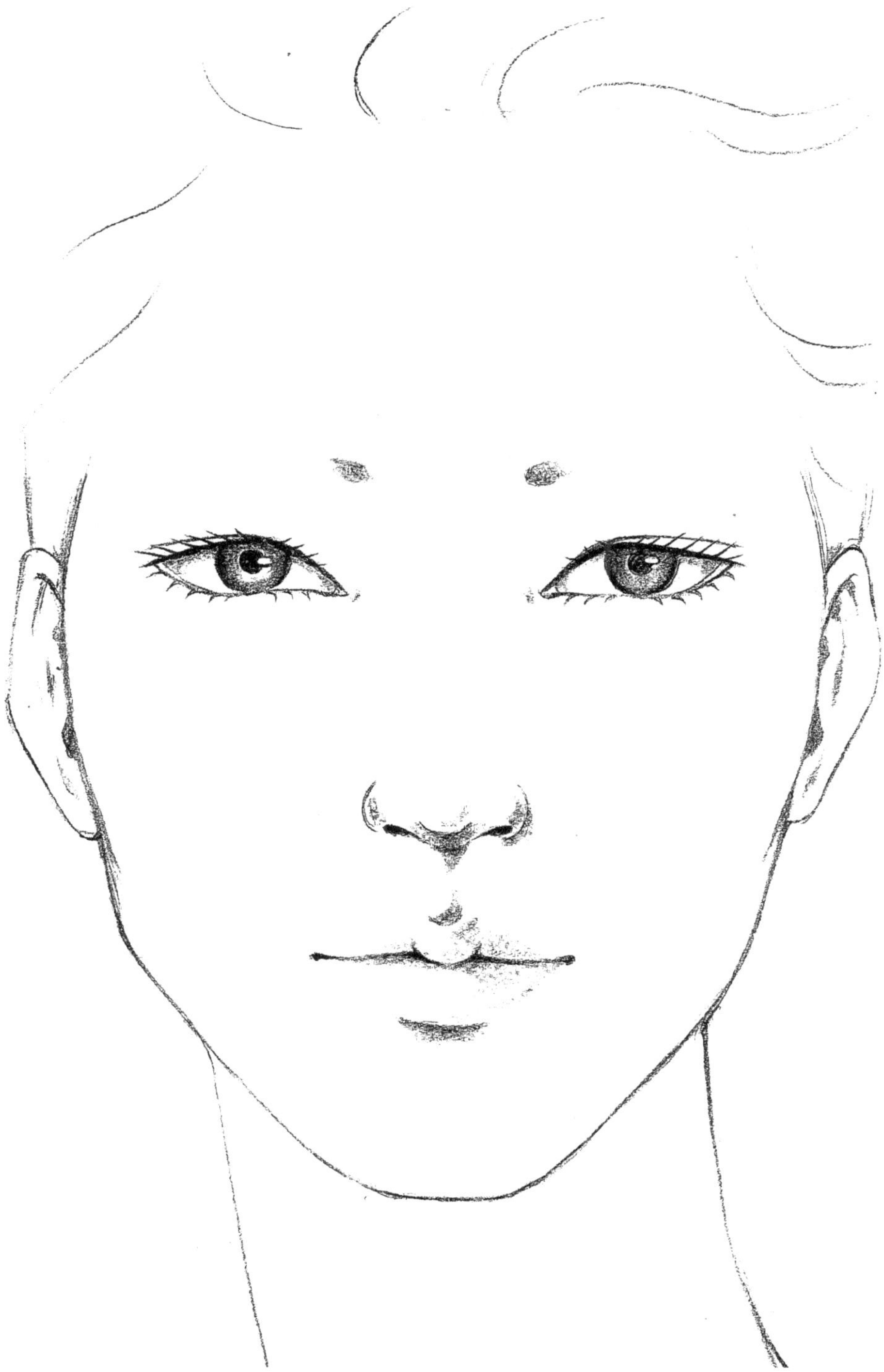

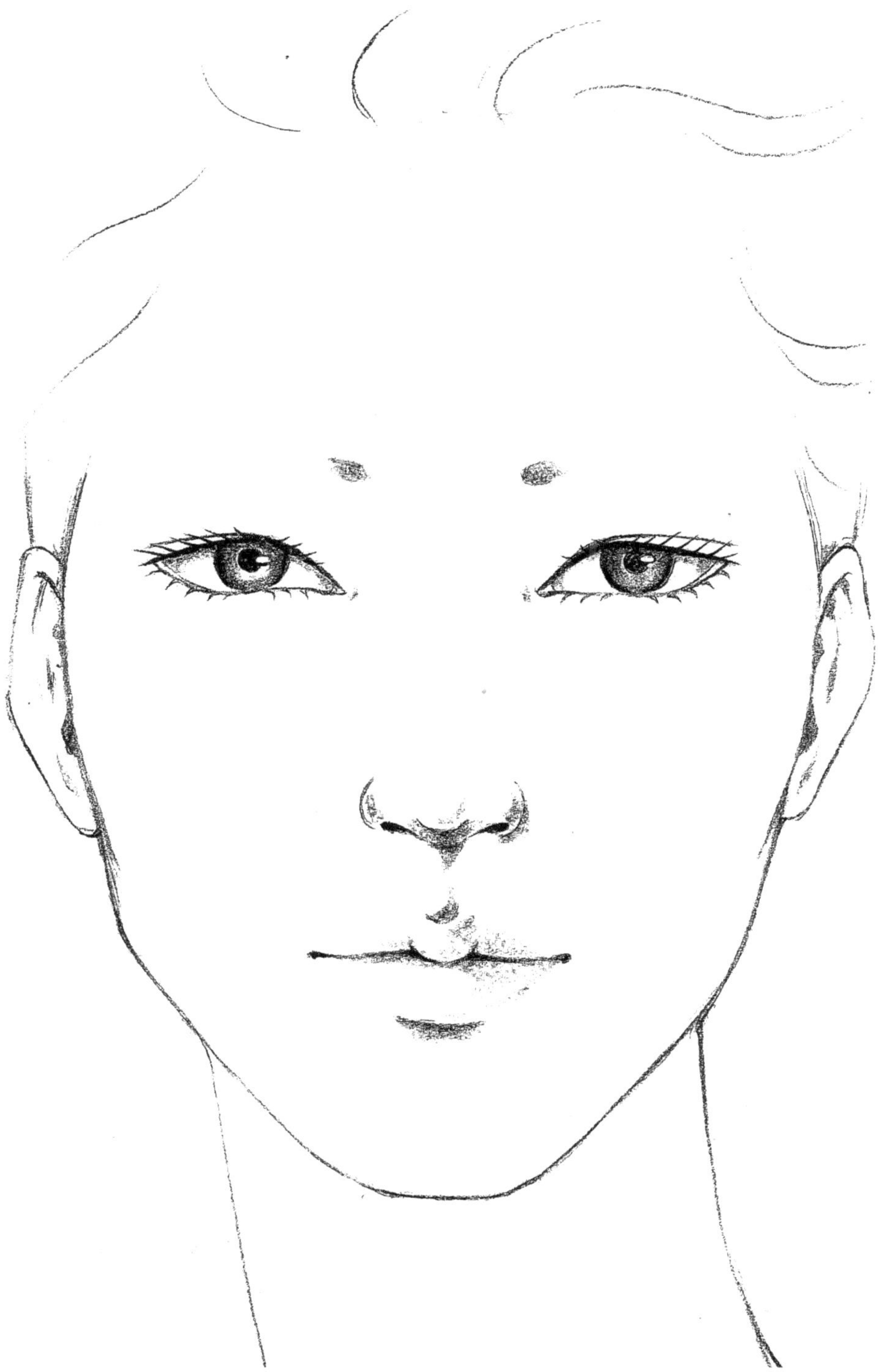

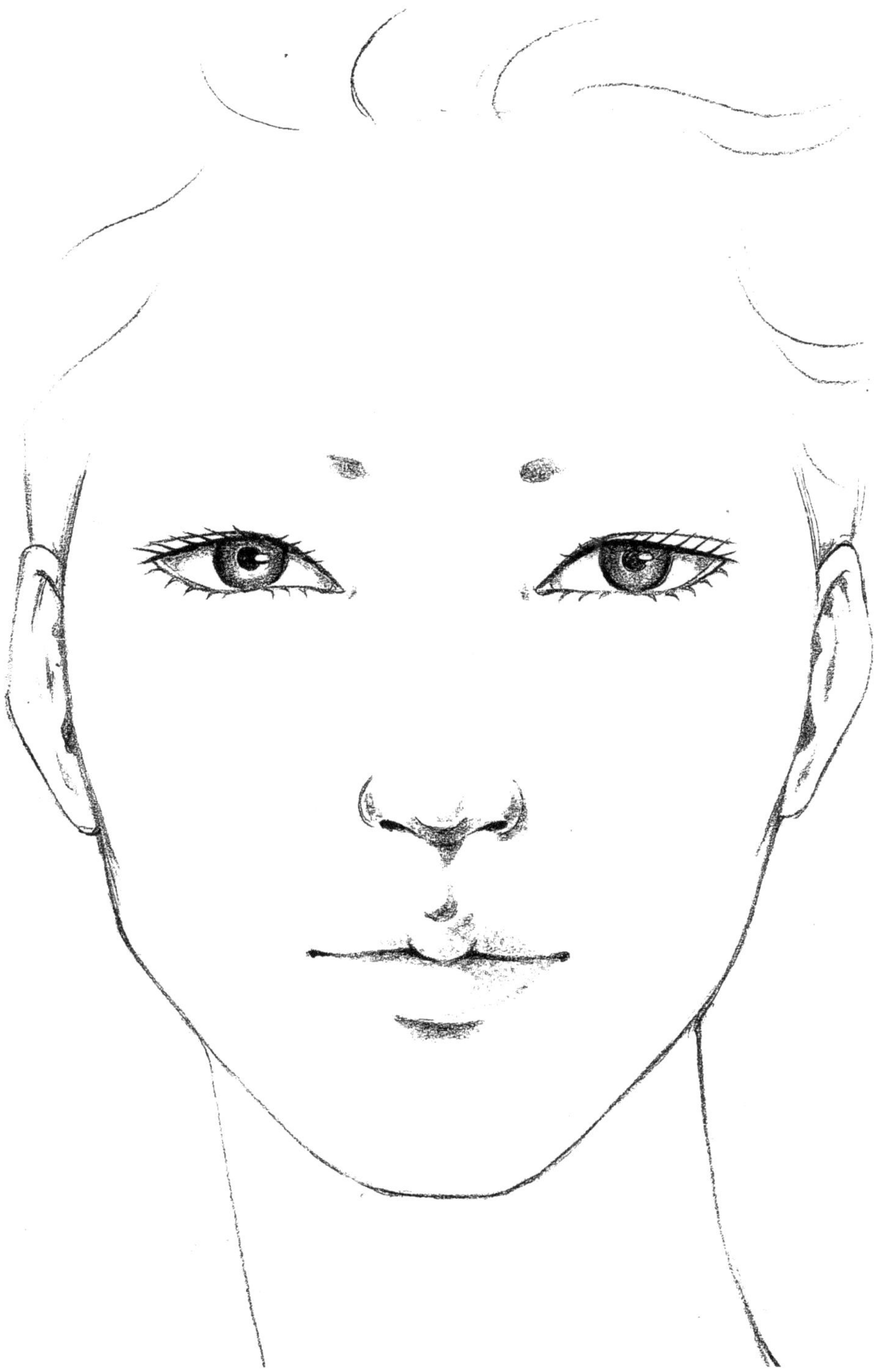

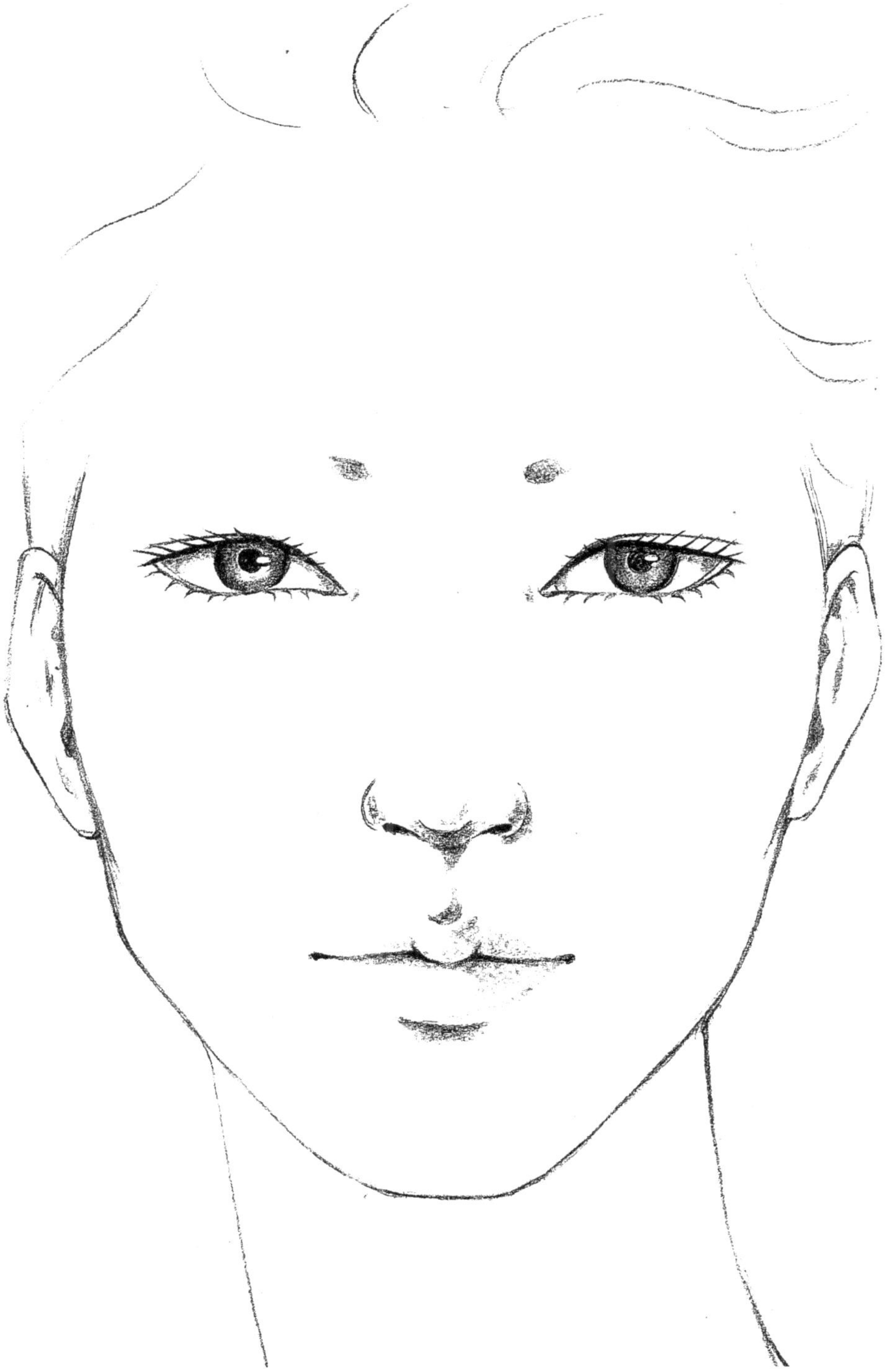

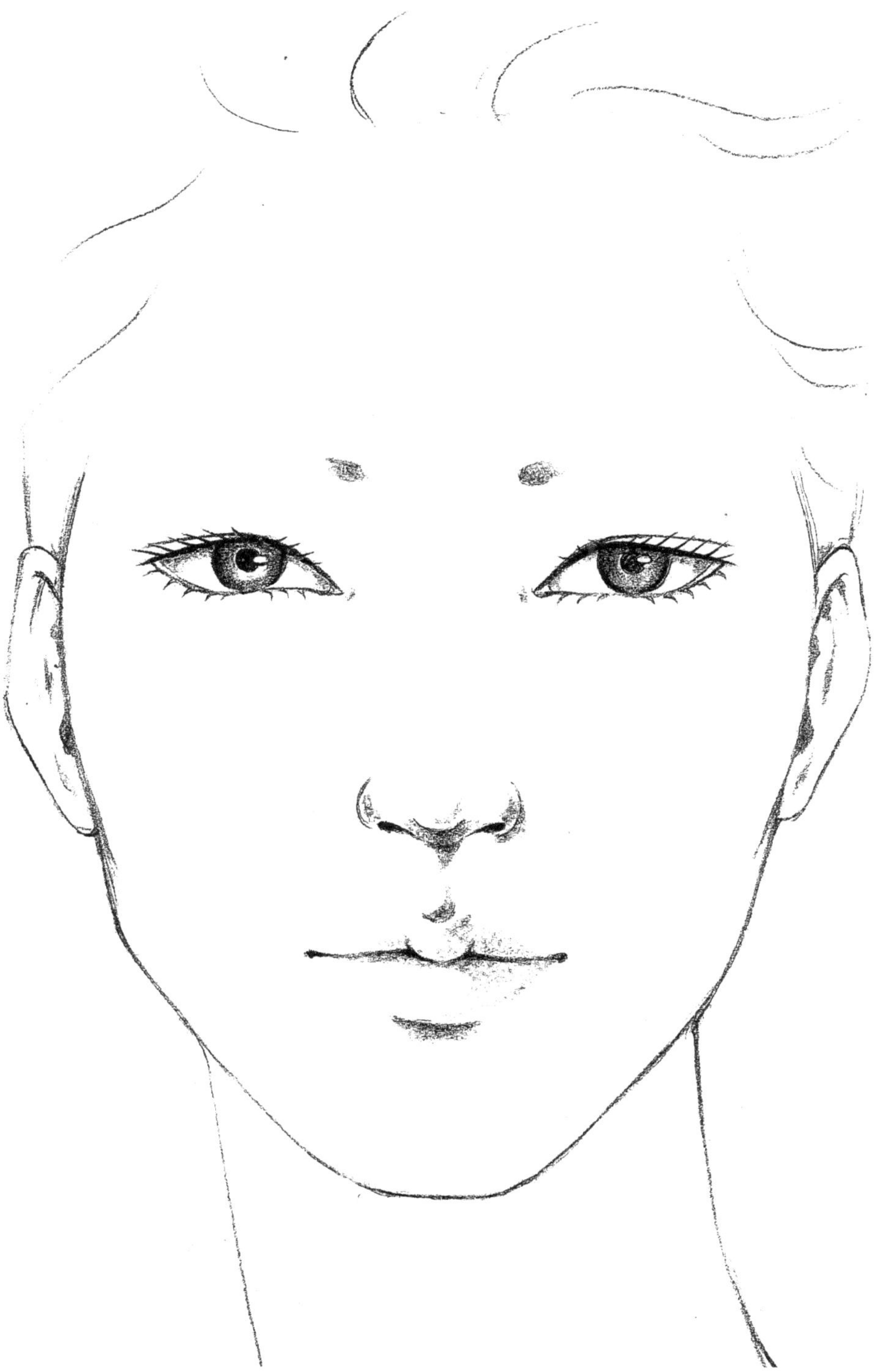

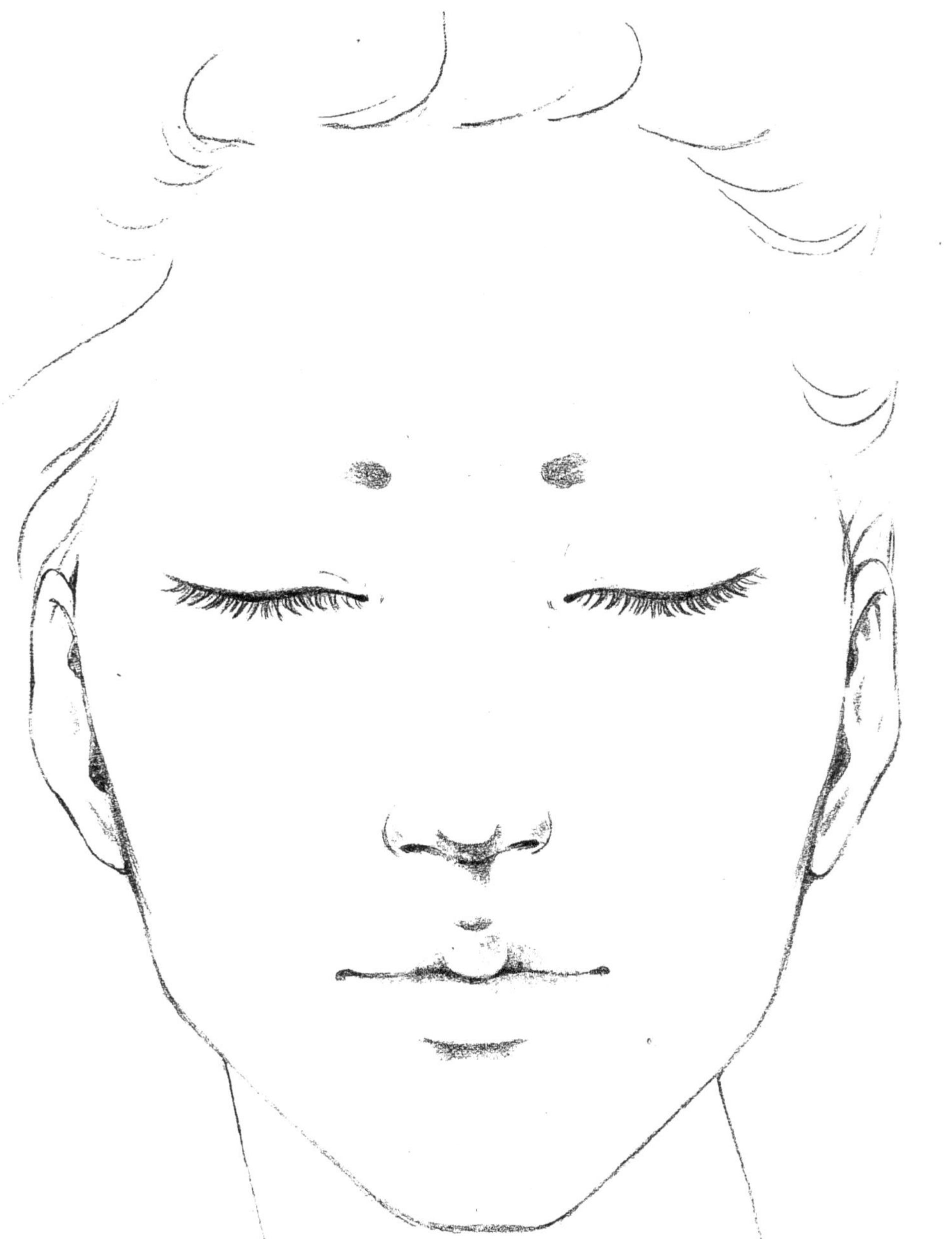

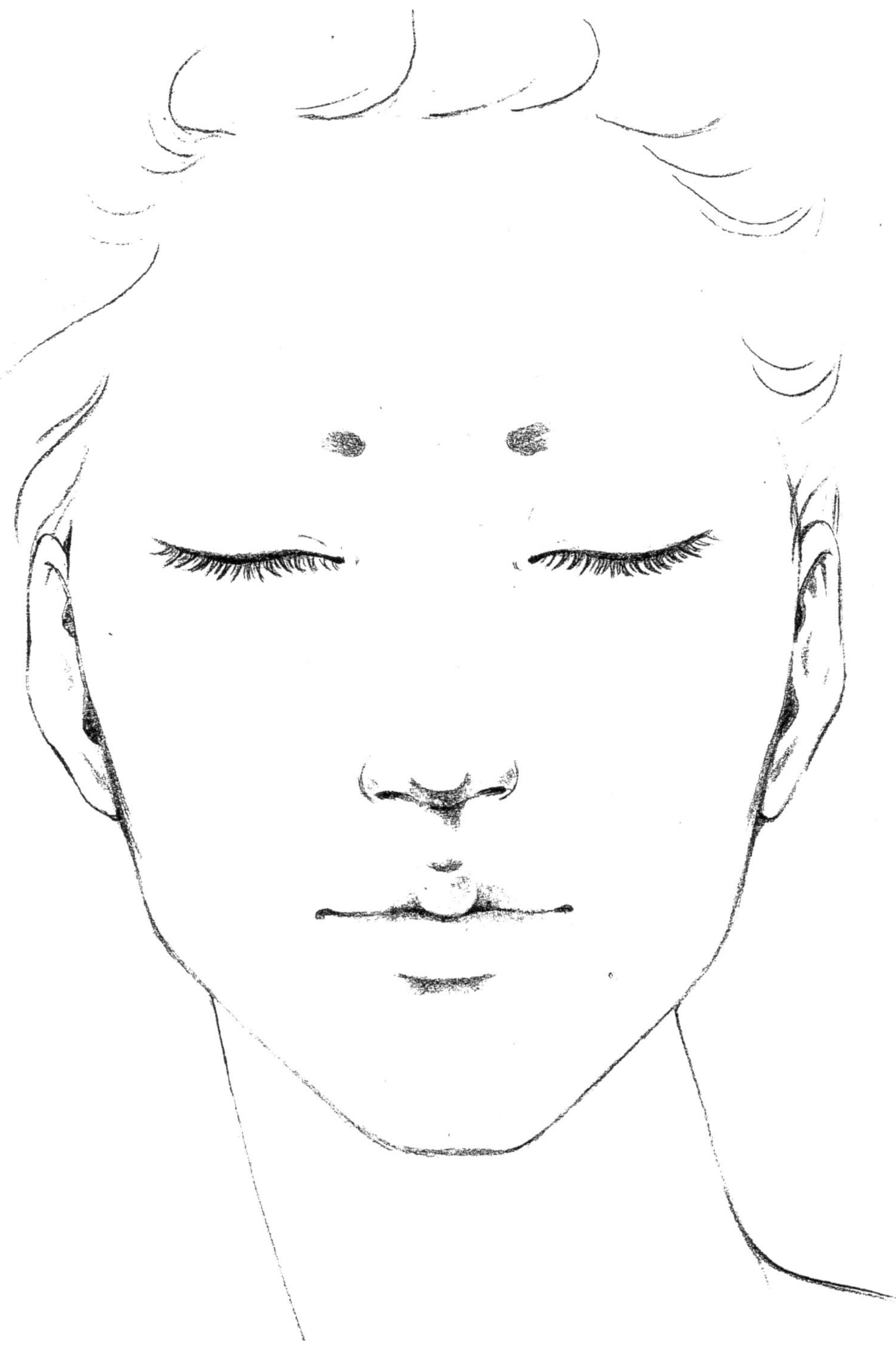

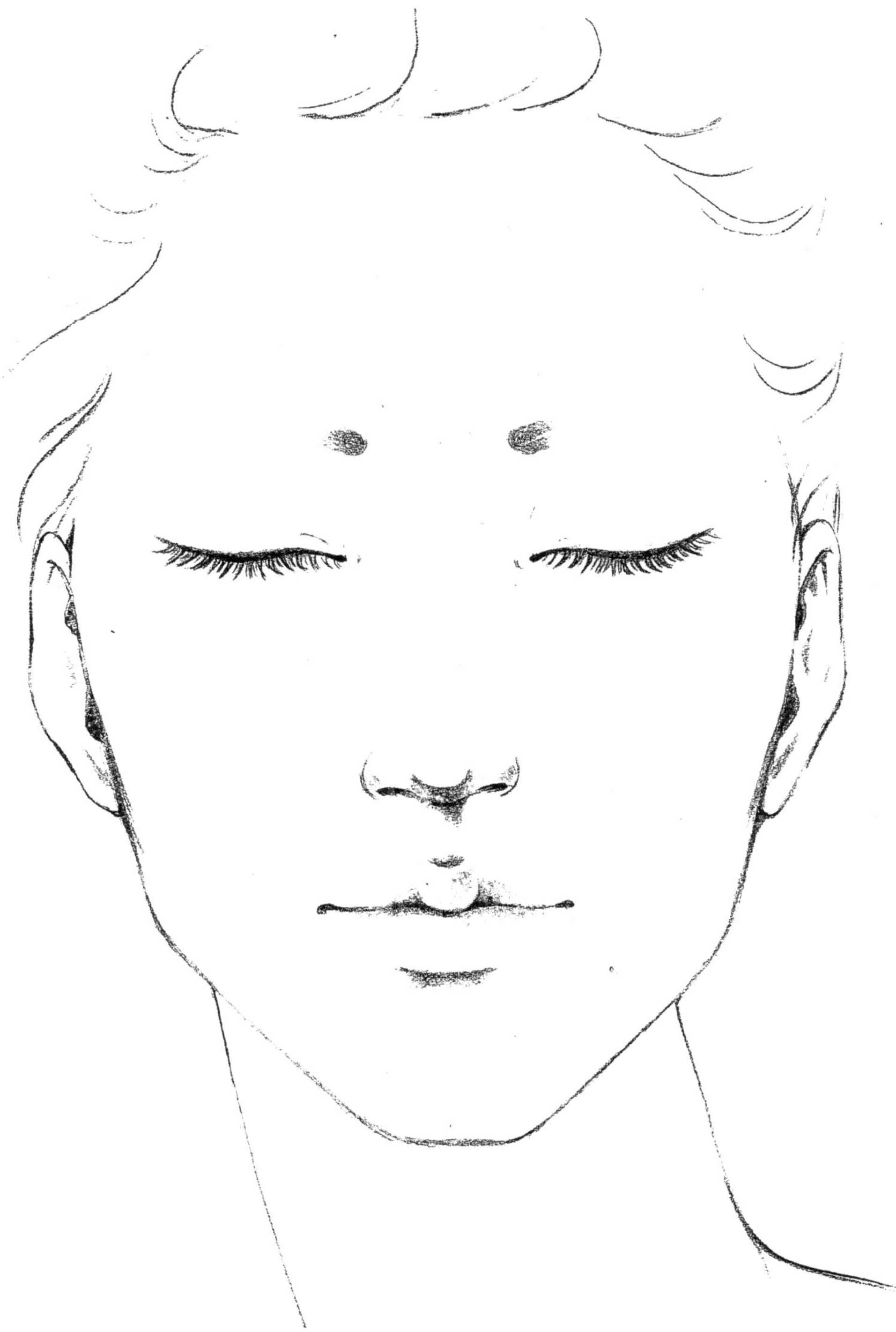

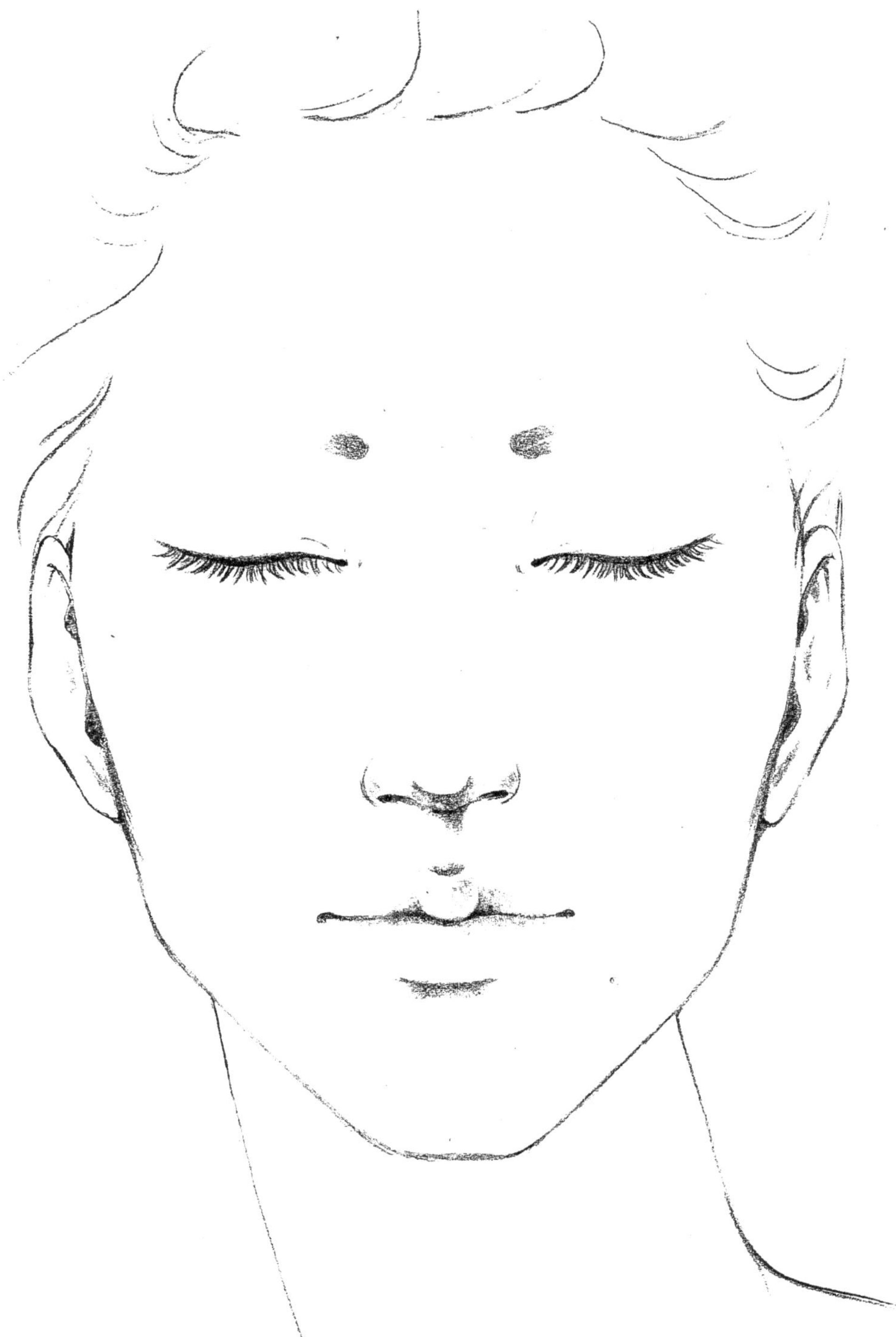

얼굴 측면

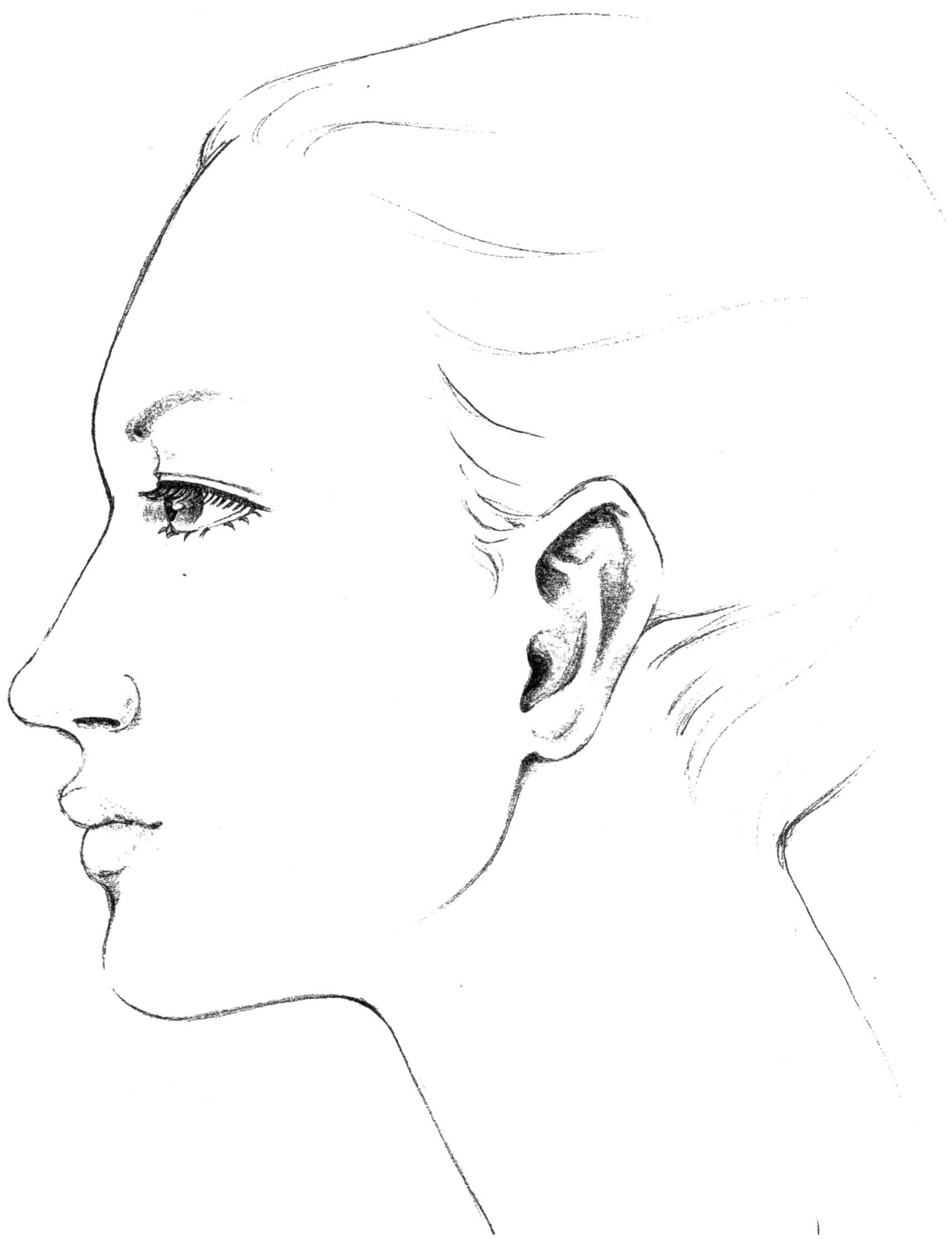

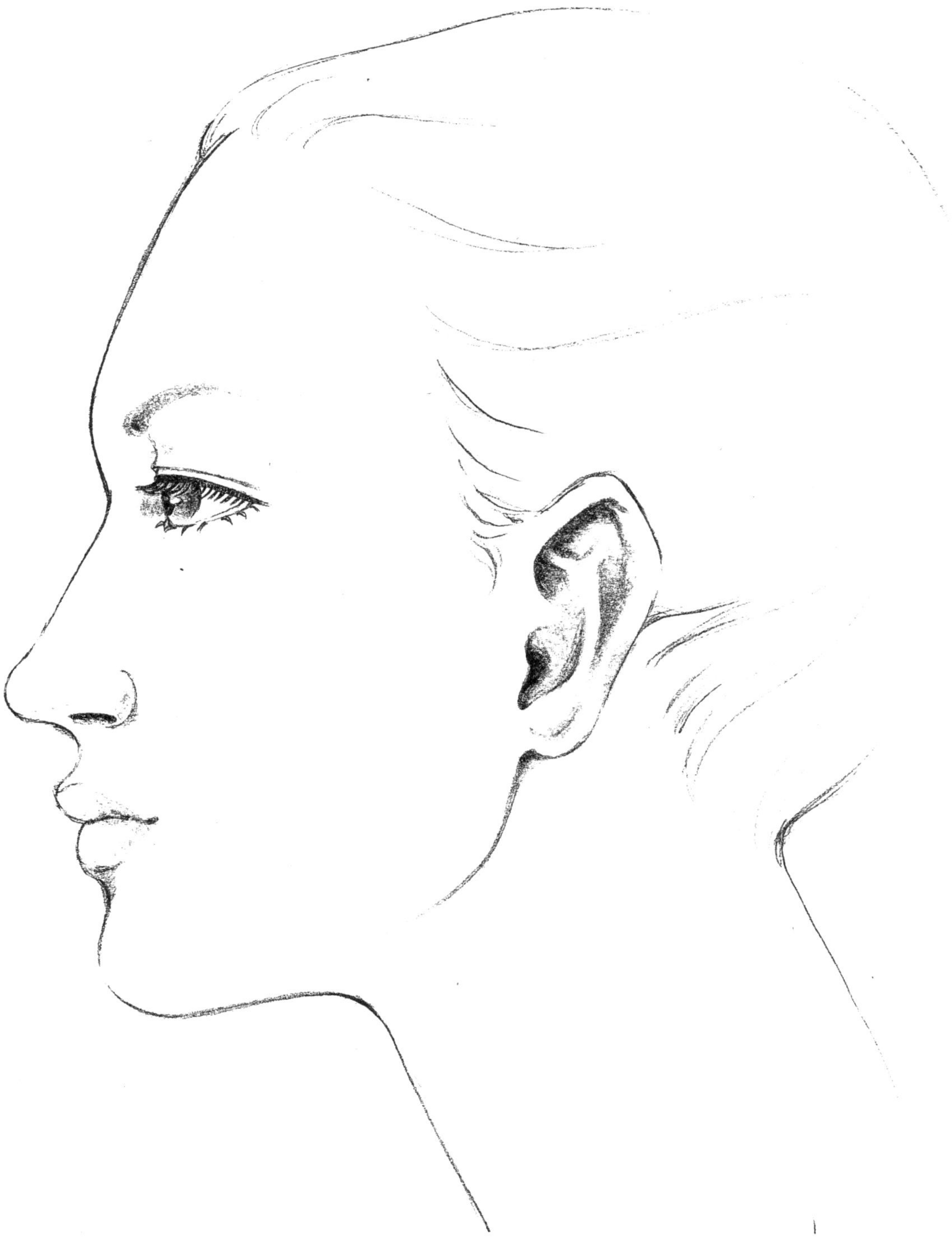

상반신

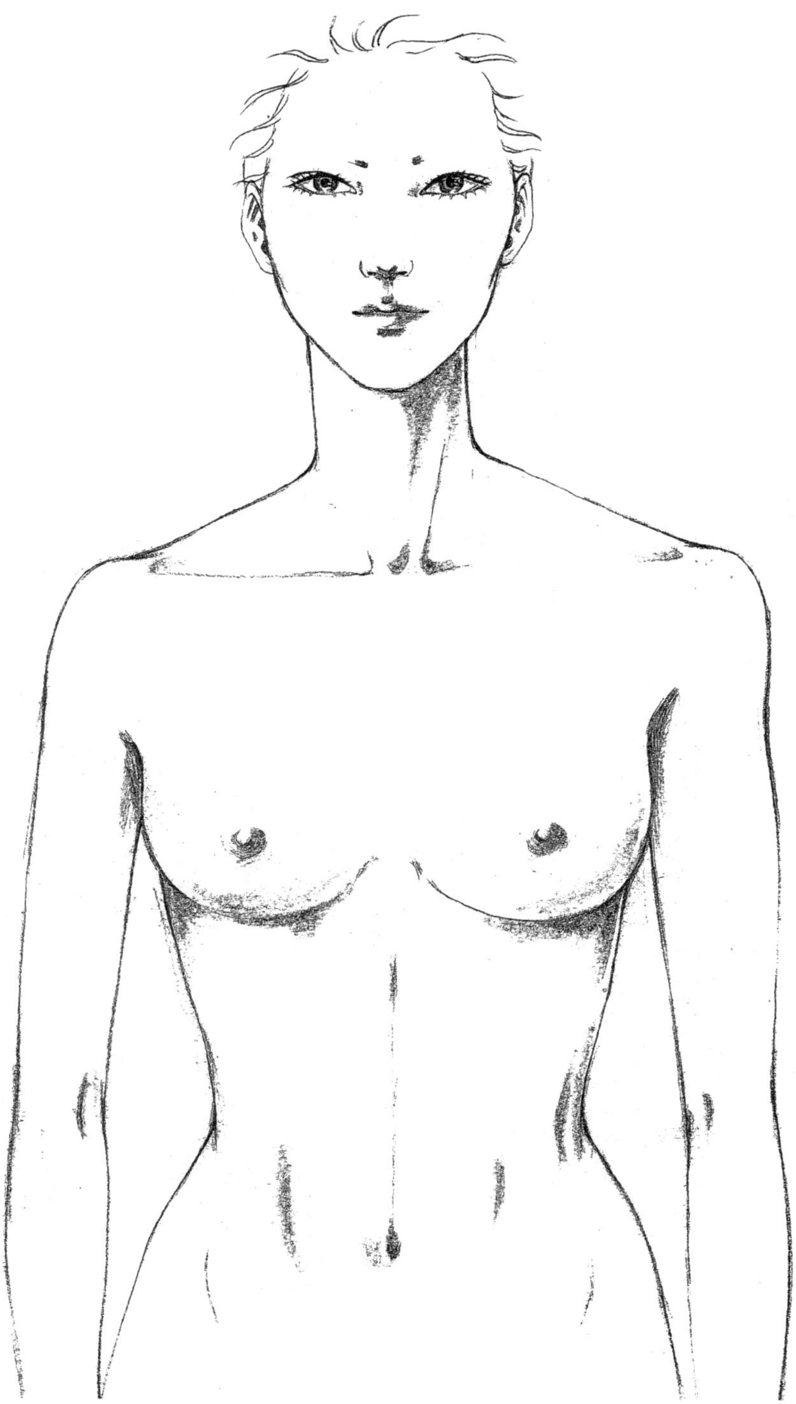

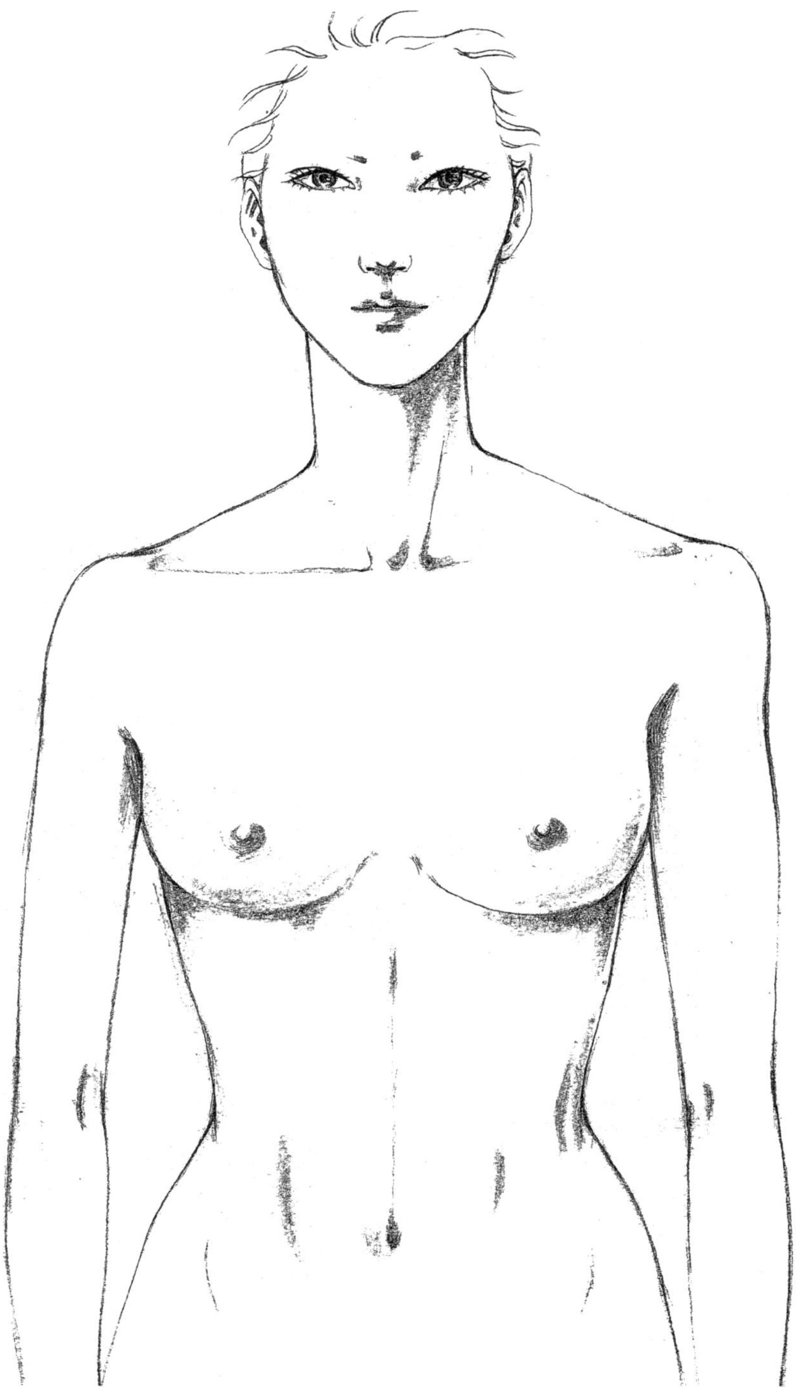

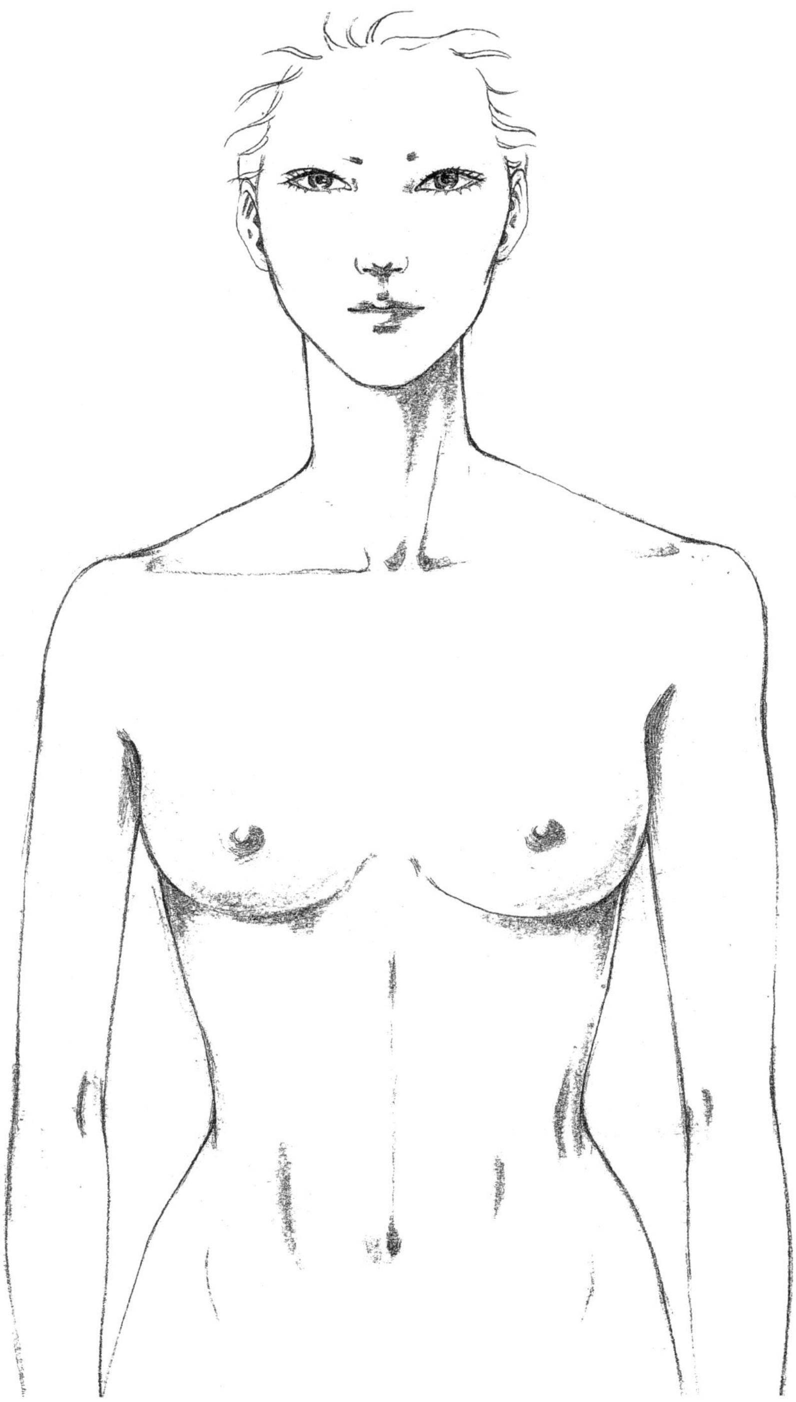

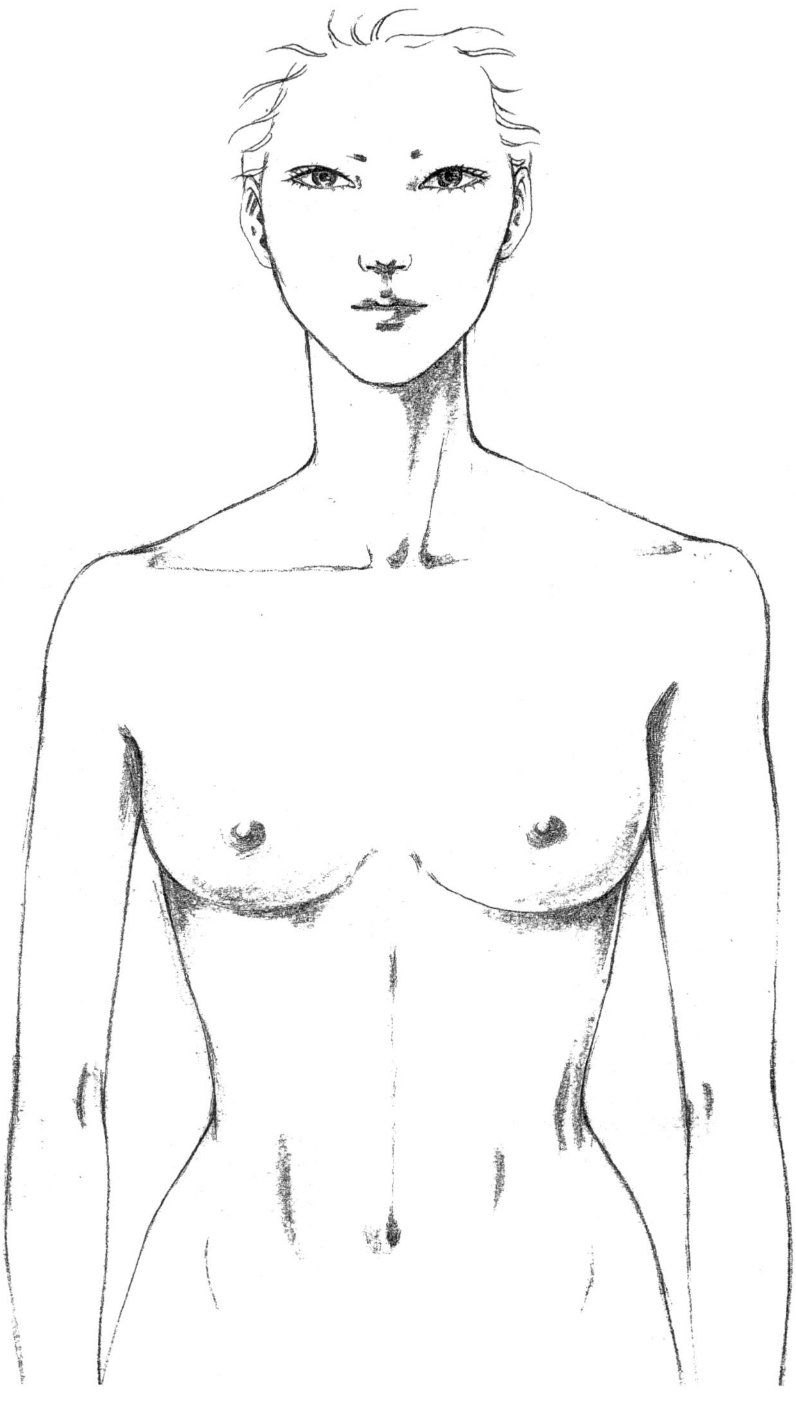

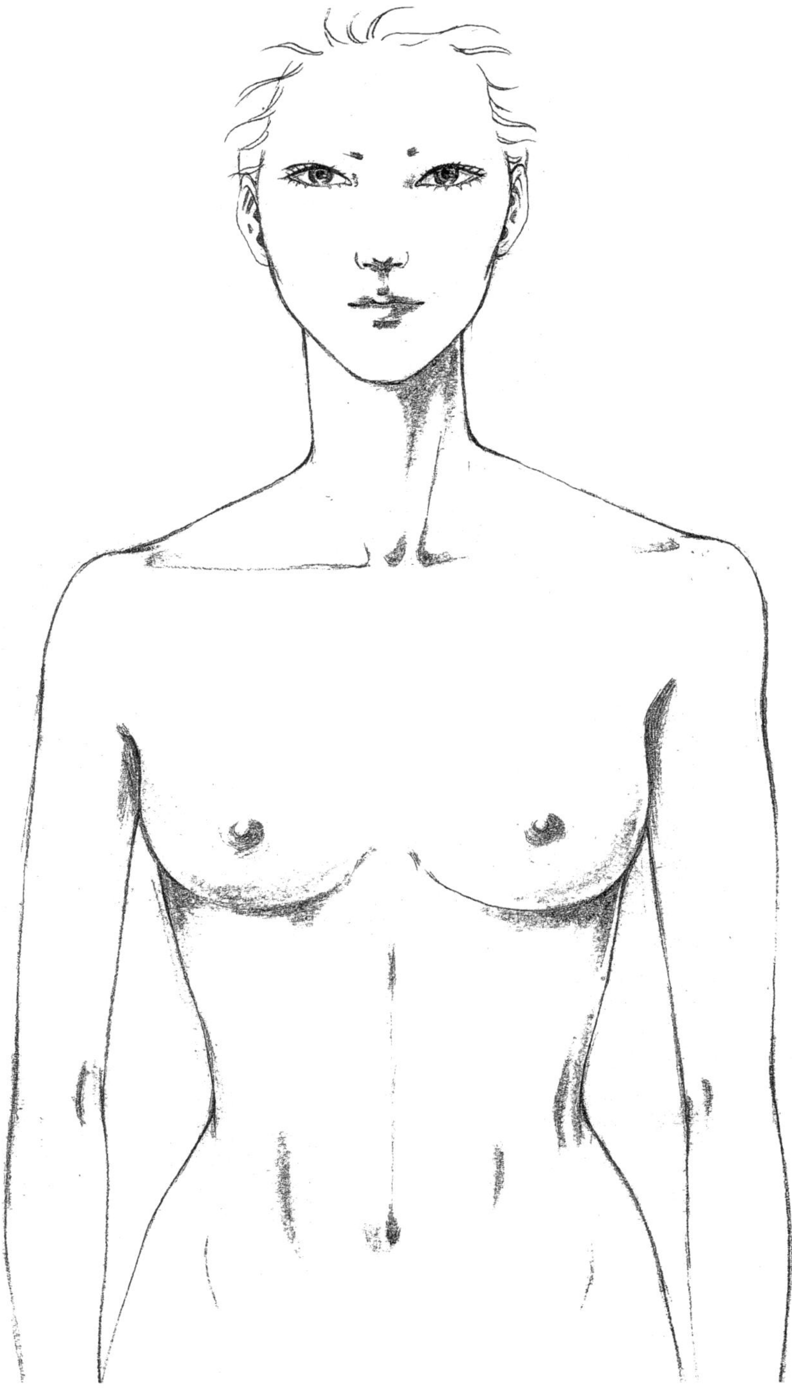

전신

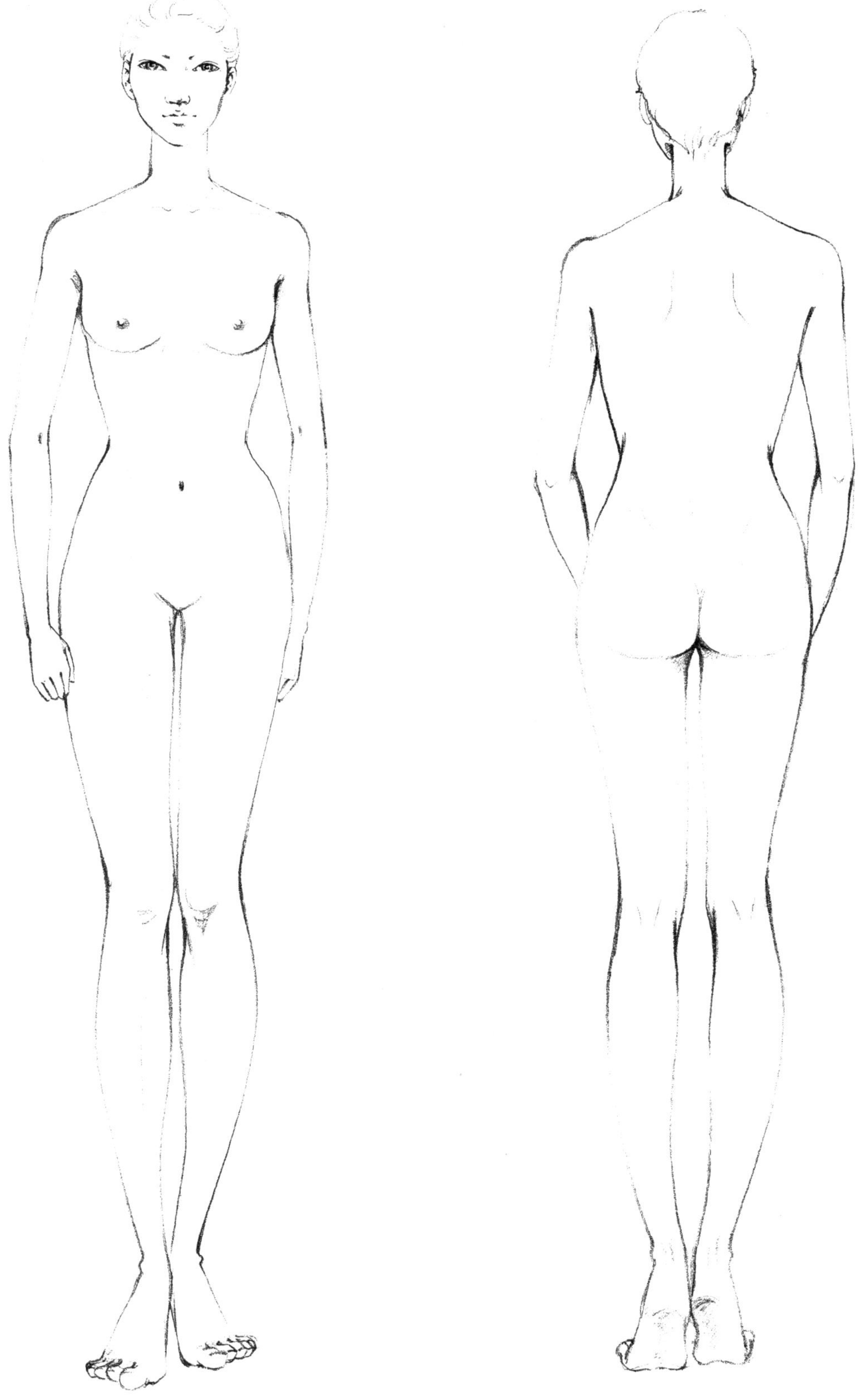

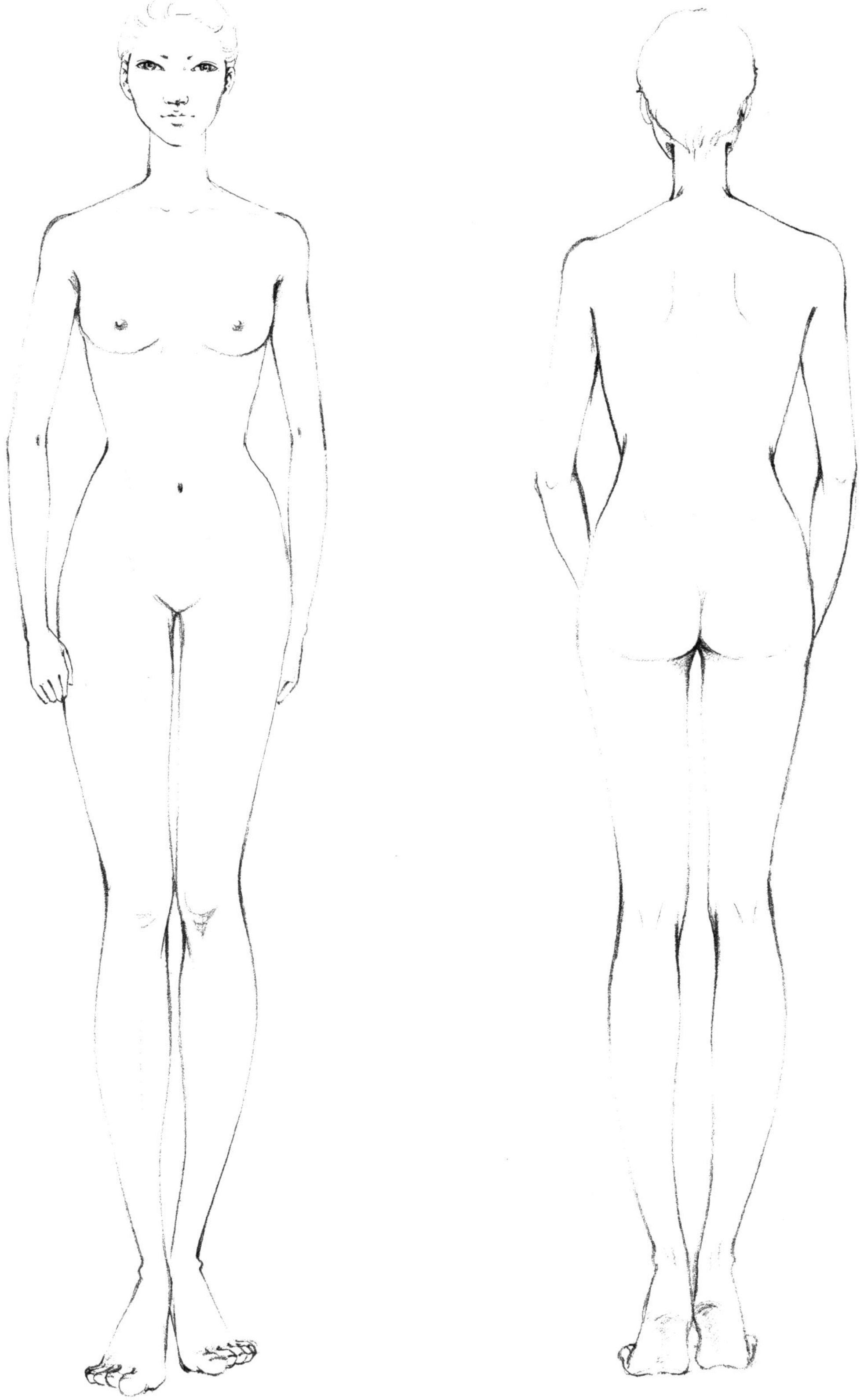

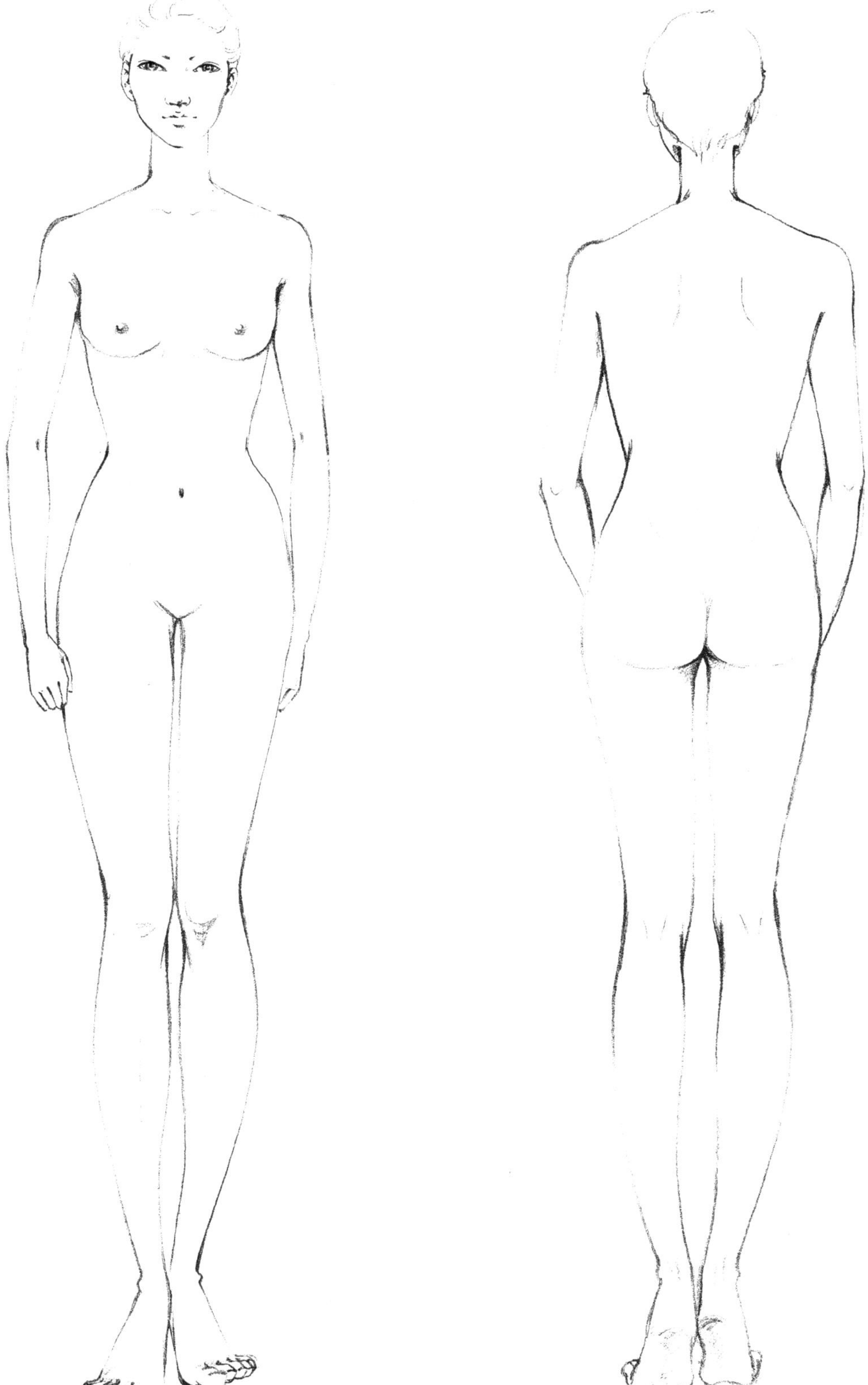

MAKE-UP BEAUTY
PATTERN BOOK

지은이 김정희 · 조정현
발행인 안중기
발행처 도서출판 경춘사
등록번호 제10-153(1987. 11. 28)

인　쇄 2013년 4월 10일
발　행 2013년 4월 25일

서울 특별시 마포구 공덕 1동 117-25
경춘빌딩 101호

전화 716-2502, 714-5246
팩스 704-0688

값 14,000원

ISBN 978-89-5895-120-9 93590